レーザー航跡場加速
―超高強度レーザーが拓く科学のフロンティア―

原著：田島俊樹，中島一久，ジェラルド・ムルー
編者：戎崎俊一，和田智之

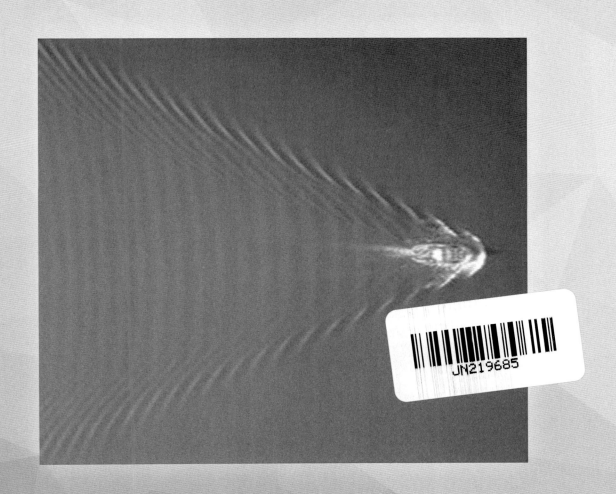

株式会社 オプトロニクス社

レーザー航跡場加速 —超高強度レーザーが拓く科学のフロンティア—
CONTENTS

巻頭言 ……………………………………………………………………………… 1

はじめに：レーザー航跡場加速の基本哲学と歴史的背景 ……………………… 2
翻訳：（国研）理化学研究所　戎崎俊一

高輝度レーザーパルスを作り出すレーザー圧縮 ………………………………… 10
翻訳：（国研）理化学研究所　高峰愛子

航跡場加速のスケーリング則 ……………………………………………………… 16
翻訳：（国研）理化学研究所，長岡技術科学大学　生駒直弥

非光度パラダイムの高エネルギー加速に向けて ………………………………… 24
翻訳：（国研）理化学研究所　奥野広樹

イオン加速 …………………………………………………………………………… 30
翻訳：（国研）理化学研究所　今尾浩士

ゼプト秒サイエンス ………………………………………………………………… 37
翻訳：（国研）理化学研究所　和田智之

超高エネルギー宇宙線加速 ………………………………………………………… 45
翻訳：（国研）理化学研究所　戎崎俊一

レーザー航跡場加速のX線およびγ線源への応用 ……………………………… 55
翻訳：（国研）理化学研究所　佐藤智哉

レーザー加速器の医療応用の現状と将来／全体俯瞰と将来展望 ……………… 64
翻訳：（国研）理化学研究所　長谷部裕雄

翻訳者紹介 …………………………………………………………………………… 76

巻頭言

　「レーザー加速」についてレビュー論文を書く機会を，フェルミ賞を受賞した折に与えられ，田島俊樹，中島一久，ジェラルド・ムルーの三者で執筆した。書き始めてみると，いつの間にか大部の論文になっていた。英語の原論文で100ページ余である。私の共同研究者の戎崎俊一先生とそのグループがこの論文に注目して下さり，輪講をなさると伺った。一年ほどされたのであろうか？そのうちにそれを訳して月刊オプトロニクスに連載したいということになった。それはこうした分野の見地が広まるという事で大変結構な事であると思い，積極協力をお約束した。

　連載は2018年11月号から2019年7月号まで続き，完結したところで，和訳本として一冊にまとめることとなった。各章の訳者である理化学研究所の戎崎俊一先生，高峰愛子先生，生駒直弥先生，奥野広樹先生，今尾浩士先生，和田智之先生，佐藤智哉先生，長谷部裕雄先生やそのチーム全体の議論や定期的なセミナー，打ち合わせを通じて議論を重ねられ，それが素晴らしいコレクションになっていて，とても私たちがその原著を書いたとも思えぬほどのものである。その翻訳のご努力に深く感謝したい。また，出版に際してはオプトロニクス社の先見の明にも謝辞をささげたい。

　思えば，最初にレーザー航跡場を提案した時（今年で丁度40年前になる）には，それを具現化できるようなレーザーは存在しなかった。それが偶然かそれともこうした提案が引き金になったのか，6年後にはジェラルド・ムルー氏によるCPA（Charped-Pulse Amplifier）法（2018年ノーベル物理学賞につながった）が提案され，以降それと航跡場は手を携えて発展して来たと言えるだろう。一方，最近では航跡場が技術としても定着しつつ加速器の新しい一翼を担いつつある。こうした時代を先取りしてこの本が読者の御役に立つ事を期待したい。また新しいアイデアが生まれて40年の時を経ることで，それがどのように成長したかも見て取って頂ければ幸いである。

2019年11月吉日　田島俊樹

■ レーザー航跡場加速

はじめに：レーザー航跡場加速の基本哲学と歴史的背景

翻訳：（国研）理化学研究所　戎崎俊一

1 はじめに

1.1 レーザー航跡場加速の基本哲学

　この論文では，プラズマの中にどのようにして頑健な加速場を構築するのかについての考え方の骨格を述べる。真空（周りを金属か誘電体で覆われた）ではなく，プラズマを加速媒体として利用するアイデアは，絶縁破壊限界を越えて加速勾配を増加させる必要に迫られて始まった。これは強く組織化された物質（固体金属もしくは透電体）を用い，外部物質や磁場による確立された加速器物理の伝統的手法の危機を示している。

　この危機は最近の（過去数十年の）リビングストン図におけるエネルギー増加の鈍化に現れている（図1）。加速器のエネルギーの増加は最近指数関数的でなくなり，線形になっている（時間に対して，セミ対数グラフで描かれたリビングストン図において）。つまり，エネルギーの増加は新しい方法で実現されたのではなく，実装された装置の量の増加で実現されている。固体物質はその丈夫さにも関わらず，その本質的な弱さを露呈している。つまり，絶縁破壊を超えた場を加速に用いることが困難なのだ。これは，固体物質が量子力学的な束縛ポテンシャル（その強さもしくはエネルギーが～eVであることで特長づけられる）によって作られているからである。一方，プラズマのように電離した物質は，粒子の運動エネルギーがeVよりずっと大きい特徴を持つ。

　固体物質は，絶縁破壊のために，強い場がかかる，もしくはeV以上の高温になるなどの理由でイオン化してしまうと，プラズマ化してしまうので，原子（もしくは固体）を強固に支持する力を失う。したがって，上記で

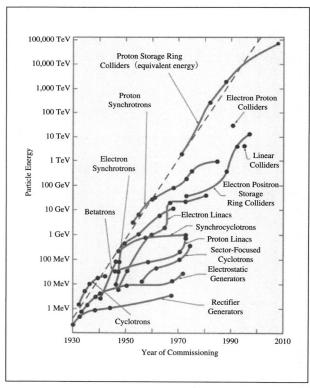

図1　リビングストン図（from Ref.[1]）

はじめに：レーザー航跡場加速の基本哲学と歴史的背景

述べた原子の結合に代わる新しい組織化の原理を見つける必要がある。プラズマは（血の中のアメーバ状プラズマ細胞にちなんで名付けられた）不定形である。一方で，プラズマには長距離にわたる集合的な力がある。それをうまく誘導できれば，コヒーレントで大振幅のプラズマ（ラングミュア）振動（もしくはプラズモン）を励起できる。その波長はドブロイ長ではなくスキン深さc/ω_{pe}になる。ここでω_{pe}は電子プラズマ振動数である。

この論文では，プラズマを媒体とする加速に関して4つの原理を以下に示したいと思う。まず，共鳴的な励起（ちょうどブランコの様に）プラズマの固有モードを集合的もしくはコヒーレントな波を維持するのに使うことが出来る（第1原理）。次にそれが高い位相速度を持つと，極端に強い振幅の波でもプラズマの全体の粒子に対して粒子－波相互作用が働かないので，頑健に構造を維持され，破壊されない（第2原理）。図2は航跡波と津波を表している。津波は海の沖の方では高い位相速度を持っているので，海面にある船のような物体に対して共鳴的な相互作用をしないが，海岸に近づきその位相速度が小さくなるにつれて共鳴が働き，破壊的な損害を共鳴した物体に対して与える。3つ目の原理は位相速度の原理の拡張である。位相速度が光速cに近くなると，航跡場の構造の速度が光速に近くなる（第3原理）。強烈な航跡場に対して電子は反応しても相対性理論により光速を超える事ができないので，波の最高地点にある電子の速度は光速に収束する。これを私たちは相対論的コヒーレンス[2]を呼んでいる。最後に，イオンが反応するよりずっと短い時間択度で駆動された時には，プラズマにとって不安定になることが難しく，プラズマ全体は破壊されない。電子はイオンがいる場所に引き戻される。（この超高速運動は遅い電子運動とも結合できない）。これは超高速力学安定性の原理である（第4原理）。これはプラズマの変化がイオンの応答の時間択度よりずっと短い時に働く。

超高速要求（第4原理）に関係して，駆動力の振動数（もしくは周期の逆数）に注目してみることも興味深い。電子の最も単純な加速器はコンデンサである。コンデンサにおいてはDC（振動数ゼロ）の静電場が2つの板の間にかけられて，電子は2つの板の間にかけられた電圧のエネルギーにまで加速される。バン・デ・グラーフ加速器は，これに似ている。このような加速器では，加速場の振動数は，基本的にはゼロである。原理2および原理4に関係して指摘したように，加速場が静電的（したがって位相速度がゼロ）のとき，媒体もしくは波の運動の破壊は，加速構造そのものの破壊を伴う。これは，リビンクストン図（図1）において，第二世代の加速器が高速性を獲得するようになった（少なくとも一つの）理由である。言い換えると，動く波を使うことにより，この問題（つまり不安定）から"逃げ出す"ことができる。これを実現するために，加速器物理学者は電波（振動数が10^{10} Hz，その二桁前後）を加速に持ち込んだ。これらは，サイクロトロン，シンクロトロン，そして線形加速器である（図1）。これらでは，位相速度が徐々に上昇（最終的には光速まで）する。このような光子は，10^{-4} eVのエネルギー（一桁の範囲内）を持っている。リビングストン図（図1）の中のすべての加速器はそのエネルギーが$0-10^{-4}$ eVの光子を使って加速しているといえる。ところが，レーザーを使った超高速レジーム（そして上の第4原理）は，1 fs秒の桁の時間加速する。可視光のレーザーを使うことによって，粒子をeVのエネルギーで駆動できるようになる。つまり光子のエネルギーに関してゼロ近く〜10^{-4} eVの光子を使う伝統的な加速器からeVの光子を使う加速への飛躍を果たすのが，私たちのレーザー加速器である。これから見るように，この数桁に及ぶ飛躍は，加速勾配の飛躍的増加ももたらす。（6節で議論するように光子のエネルギーをさらに3－4桁，eVの光の光子から増やすことも考えられる）。

これらの原理を実現するために，Tajima and Dawson[3]

図2　左の図においては航跡の位相速度が高いので，コヒーレントな構造が長期間維持される。右の図において津波が海岸に近づくと，その位相速度を失うので破壊的になる。

┃ レーザー航跡場加速

は高輝度の超短パルスで航跡場を励起することを提案した。そのときレーザーパルスの長さl_0をプラズマの固有モードの波長を共鳴する，つまりプラズマ波長$l_p = 2\pi c/\omega_{pe}$の半分にする。この共鳴波長の選択により，他の擾乱を励起することなしに，プラズマのコヒーレントな固有モードのみを効率的に励起できる。つまり第一指導原理を満たすように，低密度プラズマの中のレーザーは光の速度に近い位相速度で進行する。光の速度はもちろん電子の熱運動よりもずっと速いので，上記の2番目の条件を満たしている。このような短いパルスは，フェムト秒の範囲でプラズマ波と共鳴するので，イオンに擾乱を与えない。これは，4番目の指導原理を実現している。プラズマ振動に対して，レーザーの振動数はずっと高い。これは，航跡場の位相速度のローレンツ因子γ_pが1よりずっと大きくなることを意味し，同時に，相対論的なコヒーレンスを与える。それは，3つ目の指導原理が与える観点である。レーザーパルスの輝度は，プラズマ中のレーザーのポンダーモーティブポテンシャル（光子の圧力によるポテンシャル）の値が$\Phi = mc^2\sqrt{1+a_0^2}$となるようにとる必要がある。すると，励起されたプラズマの運動が電子にmca_0の運動量を与えることになる。ここで$a_0 = eE_0/m\omega_0 c$はレーザーの正規化したベクトルポテンシャルであり，E_0とω_0はレーザーの電場と振動数である。ポンダーモーティブ力は，非線形ローレンツ力$v \times B/c$から得られるもので，プラズマの中の電子の縦方向の偏極の原因になる。レーザーの電場は横方向であっても，偏極$E_p = m\omega_p ca_0/e$が同じ強さの縦方向の電場を作る。これがレーザー場の横電場による航跡場の縦方向整流化である。これが，航跡場励起の起源である。レーザーのa_0が1より大きいときは，そのようなレーザーは相対論的（輝度）であると言う。つまりちょうど相対論的強さのとき，つまり$a_0 = 1$のとき，航跡場の強さは$E_p = m\omega_p c/e$の値をとる。これは非相対論的な場合における，波破砕電場である。波の高強度部分は，弱強度の部分より速く伝搬して追いつくので，波がそこで破砕される。高輝度のレーザーの相対論性が，航跡場の振幅E_pを相対論的な強さまで高める。このとき$a_p = eE_p/m\omega_p c$は1よりも大きくなっている。航跡場の位相速度が相対論的（$\gamma_p \gg 1$）であることと，レーザー強度が相対論的になる（$a_0 \gg 1$）であ

ることを区別する必要がある。後者すなわち$a_0 \gg 1$は航跡場に相対論的コヒーレンスを与え，さらに，$\gamma_p \gg 1$のときは，相対論的にコヒーレント（$a_p \gg 1$）[2]な航跡場が可能になる。

相対論的なコヒーレンスを持つ頑健な航跡場の背景にある短パルス電磁（EM）波の（レーザー航跡場）加速（LWFA）手法を一度理解すれば，一かたまりの相対論的荷電粒子（電子のかたまり[4]とイオンのかたまり[5]）を駆動する航跡場を理解することはそれほど難しくない。後者に置いては，荷電粒子の電場は，動径方向に向いている。一方，ビーム電流によって作られた磁場は，方位角方向に向いており，両者が結合して，パルスEM（もしくはレーザー）波と本質的には同じポンダーモーティブ力を作る。私たちは，この方法全体を航跡場加速と呼んでいる。

この方法が駆動するEM波の振動数に制限されないことは，明らかである。ほとんど全部のLWFA実験が，eV領域の光学レーザーを用いて行われている（入手の容易さのために[6]，2節を見よ）。振動数は，2倍もしくは3倍，さらにはX線にすることも可能である（3節と6節を見よ）。私たちは，活動的銀河核において低振動数だがそのa_0は極端に大きい天体物理学的現象も発見した。

電子の航跡場加速のコヒーレンスと頑健さは，1956[7]のVeksler以降に行われた研究で明らかになった困難を克服されるために行われた一連の実験とその教訓の結果として発明された。それに加えて，航跡場の4つの柱[3]がもう一つ重要な観点を与えている。つまり励起した航跡場において電子の捕獲は簡単であるが，LWFAの高い位相速度のために速度の遅い重イオンを捕獲することは難しい。イオンの捕捉には断熱的に加速を必要とするからである。

1.2 プラズマ加速に関する歴史的背景

これらの原理がどのように発見され発展されたかについて俯瞰してみよう。Vekslerは1956[7]に集合的加速の概念を導入した。彼のアイデアは2つの要素から成り立っている。最初の要素は加速媒体としてのプラズマを導入したことだ。これまでの加速手法では金属の壁に囲まれた真空の中で加速電場を増やすと，金属の壁の表面の電

場が大きくなって，最終的にはその表面で放電がおき，金属の電子破壊を導いてしまう。ほとんどの加速機構の中で必要とされているように，導波管は遅い波構造を用いている。このような構造は表面金属の突出部を伴っており，局所的に電場を大きくする。その上ほとんどの物質はその構造にf中心のような不純物を含んでいる。これらが合わさって，金属破壊限界場を，電子波動関数をオングストロームのスケールに対してeVだけシフトさせる典型的な勾配つまり 10^8 eV/cmから，MeV/cmかそれよりも弱いところまで弱めてしまう。この困難を克服するために，Vekslerは既に破壊されたプラズマ物質を最初から使うことを考えた。そして，個別の力ではなくて集団的な力を使うことを提案した。プラズマの中の電場はクーロン相互作用を通して全ての荷電からの力を一つの荷電が感じるので，プラズマ中に電場があまねく存在している。もし，プラズマを整列させて (Ne)（N個の電荷の集団）に比例した電荷の集団を作ると，相互作用力は，$(Ne)^2$に比例して強くなる。つまり，集団的力は，N^2に比例する。一方で，従来の線形力は N にしか比例しない。（もし N が 10^6 であれば，集団力は，従来の力の 10^6 倍になる）。

　このアイデアに惹かれて，たくさんの研究が行われた[8~11]。Norman Rostokerのプログラムはその中の一つである（これらの努力のいくつかはNorman Rostoker記念シンポジウム[12]の集録にまとめられている）。例えば，これらの試みの一つの中で[13]，電子ビームがプラズマに射出されるとビーム・プラズマ相互作用（集団的相互作用）のために大強度のプラズマ波が励起され，大振幅の波動がイオンを捕獲し，電子ビームと同じような速度にまで加速されるはずと示唆された。もし，エネルギー ε_e で運動する電子雲もしくはビームにイオンが捕獲されると，そのイオンは $\varepsilon_i = (M/m)\varepsilon_e$ のエネルギーまで加速されるはずと思われるからだ。それらは，同じ速度を持つはずなのだから。ここで M と m はそれぞれイオンと電子の質量である。イオンと電子の質量比 M/m は，陽子の場合2000倍近くあり，その他のイオンの場合よりさらに大きいので，イオンを集団的に加速し，エネルギーを大きく増やすことができるかも知れないと考えられた。しかしその時代に行われた集団的加速実験では，実際は，上

に述べたようなエネルギー増加する例は起こらなかったのである。この実際主要な理由は，文献14）に記述されている通り，イオンの不活発さ（慣性）に帰された。むしろ逆に電子がイオンの方に引き戻され，"電子の反射作用（回帰流）"が速すぎる（文献15）を見よ）のである。イオンの加速は，イオンに先行する注入されたビーム電子の鞘の上でしか起こらない，一方で，その鞘は注入開口に縛り付けられている（実験の動かない金属境界）。より詳細に理解するために，Mako and Tajimaは理論的に，電子の反射と電子ビームとイオンが一緒に伝搬しないことのために，イオンのエネルギーは電子のエネルギーに対して2000倍近くではなくて，$2\alpha+1$ 倍にしかならないことを示した。（α は2節で定義する典型的な実験条件では，3くらいである）。（例えば，Tajima and Makoは，くぼんだ形状を生む不要な反射電子を減らすアイデアを提案している。このアイデアをレーザー駆動イオン加速に適用しようと，同様の幾何学的試行が後に2000年代と2010年代に行われた）。2000年に，レーザー照射によってイオンを集団的に加速する最初の実験が報告された[16~18]。これらの実験では，金属の薄い膜（もしくは，他の固体物質）に高強度レーザーパルスを照射し，パルスに晒された前面からの電子の熱い流れを作る。この電子の流れは膜を通過して裏面から飛び出す。この物理状況で，薄膜の裏面で起こることは，1970年代と80年代に，金属表面から飛び出した電子の動力学を使って，Rostokerのグループが行ったこととほとんど同じである。レーザーによって，加熱された電子は標的の裏面に貼り付けられた鞘におけるイオンの加速を引き起こすが，それ以上の働きはしない。このような加速はTarget Normal Sheath Acceleration（TNSA）と呼ばれている[16~19]。（"垂直標的"という言葉は，いくつかの実験ではレーザー照射が表面の垂直から速く離れているにもかかわらず，使われている。しかし，イオンは，裏面に対して垂直に加速される。これはイオンの運動量は，レーザー光子の運動量を直接変換されているわけではなく，電子加熱を通して変換されているからである。より直接の運動量変換は，将来の問題に残っている）。それ以来，非常にたくさんの努力がなされてきた（図3）。電子の運動とそれに伴うイオンの運動に後で詳しく触れる。鞘の物理の類似性と初期（70

レーザー航跡場加速

年代と80年代）の研究の知識が忘れられているので，それをここで議論することにも意味があると思われる。この議論から，私たちは，初期の集団加速の研究と現代のレーザーイオン加速を結びつけ，前者から後者への教訓を得ることができる。

レーザーでは少量の質量のみ加速できる長所を生かして，上で議論したような電子とイオンの運動の不適合を解消し，高エネルギーイオンを超高コントラスト（UHC）短パルスレーザー[20〜24]によって駆動したマイクロメーター以下かナノメータ厚の標的を用いる実験が最近注目を集めている。その標的は，初期の実験よりもずっと薄い。特に注目されているのは，このような薄膜標的において，どのくらいのイオンのエネルギー増加が実験とシミュレーションで得られるのか，そしてそれは，レーザー輝度に対してどうスケールするのかである。加速物質の質量を減らすことの代わりに，レーザー加速力，すなわち，ポンダーモーティブ力とそれが励起した電気力を増やすことでも実現できる。もし，これを十分大きくできれば，この波が，より大きなイオンを捕獲できて，イオンを加速できるはずである。この種のイオン加速は，Radiation Pressure Acceleration（RPA）と呼ばれている[25]。

できるだけ少ない質量のイオンを捕獲し，できるだけ大きなポンダーモーティブ力で加速する一つの方法について，標的の厚さdとレーザー強度パラメーターa_0[26]のトレードオフを通して議論することができる。与えられたレーザー輝度に対して，標的が薄くなるにつれて，陽子のエネルギーが増加し，ある最大に達してそれ以上では下がってくることが，実験とシミュレーションでわかってきた。最適の厚さは$a_0 \sim \sigma = \frac{n_0}{n_c}\frac{d}{\lambda}$で与えられる。ここでの$\sigma$は（無次元の）正規化された電子の面密度であり，$a_0$と$d$はレーザー電場の（無次元）正規化された強度と標的の厚さである[26〜28]。ここで，無次元の量，つまり正規化した面密度と正規化したレーザー強度の比$\xi = \sigma/a_0$を導入しよう。この最適条件の存在は，もし$\sigma \leq a_0$で$\xi \leq 1$ならば，放射力が薄膜層の電子を全て押し切ってしまうが，$\sigma \geq a_0$で$\xi \geq 1$では，レーザーパルスが，すべての電子の最大偏極を作るのに十分なパワーがないためであると理解されている。典型的に得られるレーザー輝度に対するこの最適の厚みは，これまで試みられた標的厚さの場合よりもずっと薄い（イオン加速の場合）ことに注意しよう。イオン加速の断熱度の増加については，図4を見よ。図4（a）の場合，レーザーは，厚いターゲットの表面の手前に高エネルギー電子を作っている。電子は標的内を移動して，拡がったエネルギーを持って反

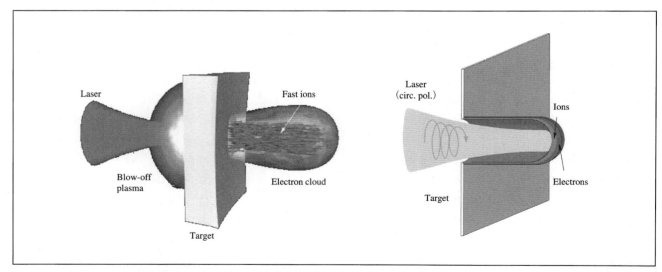

図3 TNSA（Target Normal Sheath Acceleration）レーザー標的相互作用とCAIL（Coherent Acceleration of Ions by Laser）のそれの比較。
TNSA（左）においては，標的は動かないままである。それを残して鞘が形成される。イオン加速は，鞘の長さに制限される。標的が十分薄いと（右），標的の一部がポンダーモーティブ力により加速された原子層と同じ速度で動くかもしれない。これは，電子のシートの後のイオンの部分的コヒーレンスにより実現される（文献31, 32）。

はじめに：レーザー航跡場加速の基本哲学と歴史的背景

対側から飛び出す。これらの電子は真空に出て，イオンを引っ張る。しかし，大部分の電子は，イオンが十分にエネルギーを得る前に動かない標的に引き戻されてしまう。電子雲の端の電子は電子がつくる空間電場により前方に放出される。図4(b)の場合は，デルタ関数的なエネルギースペクトルを持った電子が，真空に飛び出してイオンを引っ張る。しかし，ほとんどの電子はイオンが大きなエネルギーを得る前に動かない境界に引き戻されてしまう。その電子の運動は，(a)の場合とだいたい共通だが，(a)の場合は電子のスペクトルは拡がっていて，テールが伸びているところが違う。さらに図4(c)の場合は，(a)に比べての電子のエネルギーが，レーザーと標的の裏面を透過したポンデロモーティブポテンシャルで直接決められるというところが違う。したがって，イオンのエネルギーは，幅が細く，そして(a)よりも高いことが期待される。もし，標的がさらに薄いと（図4(d)），標的の裏の表面（ある場合は標的全体）が動き始め，レーザーは，標的と相互作用し続ける。標的がレーザーのポンデロモーティブ力であまり強く電子を加熱させずに押される（円偏光したレーザーパルスのような場合）時には，標的全体のイオンが加速バケツの中の，小さな位相円の中に捕獲される。もし，レーザーが漏れ出していて電子が前方に放出されていれば，このバケツは崩壊し始めるかもしれない。図4(c)〜(e)の場合はCAIL（Coherent Acceleration of Ions by Laser）レジームに属しているが，(e)は特にRPA（Radiation Pressure Acceleration）条件にある（これらの点はより詳しく5節で議論する）。イオンの断熱性をレーザーを使って増やす別の方法は，プラズマの性質を伝搬の方向に沿ってゆっくり（したがって断熱的に）変化させることである。このアイデアの初期の例は，Rau et al.[29]によって提案された。ここで，彼らのアプローチはアルフベン波を励起してその位相速度を磁場$B(z)$もしくはプラズマ密度$n(z)$（アルフベン波速度は$v_A(z)=B(z)/(4\pi n(z)M)^{1/2}$）を変化させて，$v_A(z)$を小さな値から大きな値まで増加させることである。加速場の位相速度を距離（z）の関数として次第に増加させることができる。

実験[30]で観測された最大陽子エネルギー増加の値を最適とすることは，nm薄膜を製作して準備する能力に帰することになる。この実験は詳しく解析[31,32]されている。現実的には，この標的の厚さにおいては，レーザー場は標的を部分的に通過するかどうかで，最適条件の実現が敏感に変化する。このような条件において，電子の運動は主にはレーザー場によって作り出された電子の構造的性質によって決まっていて，レーザー加熱によるカオス的もしくは熱的な運動にはあまり影響されない。1DのParticle-In-Cell（PIC）シミュレーションは，電子運動量が，ポンデロモーティブポテンシャルの方向，後ろ向きの静電引力の方向もしくは捕獲運動の方向に向ったコヒーレントなパターンを示しており，熱的電子の拡がっ

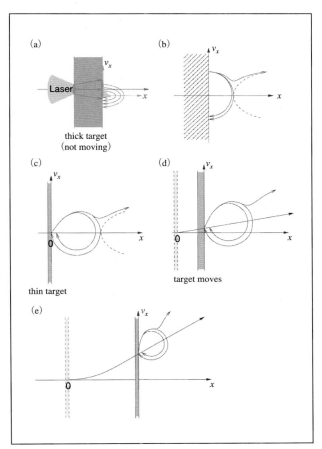

図4　電子シートからの完全な離脱（a）から，完全な共動の場合（e）に至る様々な標的の動き。
(a) TNSA，(b) Mako-Tajimaのシナリオ，(c) 超薄膜が動かない場合，(d) 標的が十分薄い場合，(e) 標的が電子をあまり加熱しないで，レーザーのポンデロモーティブ力により押されると（円偏光レーザーパルスなどで）ある程度の断熱的な加速が起こる（文献31,32））。

7

▎レーザー航跡場加速

た運動量分布と比べてきわだった対照を示している。言い換えると非常に薄い膜を通して，部分的に透過したレーザー場は，熱運動ではなくレーザーに直接結合した運動をするように電子を操作することが可能である。この捕獲放射のおかげでポンダーモーティブ力が電子の加速に寄与し，したがって，電子が，ダイヤモンドの薄膜から放出された後，静電力で減速されることから防いでいる。以前の鞘加速機構においては，電子の電場による反射と，断熱的な加速の不在により，イオンの加速がすぐに終わっていた。

一方，大部分の理論は，いわゆる Plasma Expansion Model（PEM）[19] を基礎においている。それは，ずっと厚くて重い標的を使うことを想定している。この場合は，電子は，入射した相対論的なレーザーパルスによりまず加速され，ポンダーモーティブ力により駆動されて，標的を通過する。その裏面で標的から離れつつある電子は標的の裏面に垂直に向いた静電場を構築する。これはいわゆる TNSA（Target Normal Sheath Acceleration）加速である。ほとんどの電子は折り返さざるをえなくなり，準静的な電子層を作る。これらの高速電子は，従来の厚い標的の TNSA 機構の理論研究においては，熱的もしくはボルツマン分布になると仮定されている。そこでは，加速場はポアッソン方程式からえられる指数関数を使って評価されてきた。この機構は，実験結果の解釈に広く使われているが，超薄ナノメートルスケールの標的には適用できない。というのは，直接のレーザー場と減衰しながらも透過したレーザー場が電子の運動に大きな影響を与え，高エネルギー電子をカオス的な熱運動ではなくコヒーレントに振動させるからである。例えばポアッソン方程式の自己無撞着解と TNSA モデルを基礎にして，Andreev et al[20] は，薄膜についての解析的なモデルを提案し，最適の標的の厚さは約 100 nm であることを予言した。しかし，それは明らかに実験結果とは食い違っている。

まとめると，過去の研究は以下のことを示している。初期には航跡場を破壊するプラズマ不安定について心配する批判があった。彼らは，プラズマが"生来不安定"であり，特にプラズマに強い波を印可したときには，特にそうだと信じられていたからである。このような心配

は，当たっていないことが証明されている。上で議論したように，航跡場の駆動体（レーザー，もしくは荷電粒子のビーム）は，航跡場の形で擾乱を形成したプラズマから高速（典型的には，それはプラズマの熱の速度よりも極端に速い光速もしくはそれに近い速度）で離れるので，駆動体を追う航跡の位相と熱プラズマとは共鳴できない。したがって，航跡場はプラズマ不安定に破壊されず頑健である。航跡場は波破砕限界電場（もし，それが非相対論的な場合なら）まで成長できる。さらにそれを越えても頑健である（相対論的コヒーレンスが働いている場合には[2]）。私たちは，このような条件がいつ成立し，いつ成立しないかを議論してきた。Veksler の集団的加速に従った以前の実験は，困難に陥った。それは加速構造がプラズマ不安定のために不安定になっていたからであった。つまり，励起した波の位相速度が遅いことが原因であった（図 4 を見よ）。私たちは貴重な教訓をこれから得ている。例えば，第一著者（TT）は，Rostoker 教授の研究室で，1970 年代初期に働いていた。プラズマ境界と結合したこのような遅い位相速度構造が適切な加速には有害であることを私たちは理解した。そこで，この機構を 2000 年に初期のレーザー駆動イオン加速が同様の物理に出会ったときに再検討した。航跡場の強さに比べると電子は軽いので，捕獲条件を満たした電子を捕獲して運び出すことが容易である[36]。一方で，イオンは重く，それを高い位相速度で捕獲するのは困難なので，ゆっくりとした位相速度の増加（断熱過程）が必要である。以下の節で，私たちは，これらの実験と条件について学ぶ。さらには，これらの発見がまだ文献 3）で予見さえもされていない新しい技術開発にどのようなインパクトがあるかを学ぶ。

2 節は，超高速・超高輝度レーザーの技術を基礎とした最新の進展を導入する。それは，LWFA をこれまで推進し，さらにその研究と応用に拍車をかけるものである。3 節では，理論とシミュレーションと良く確立した実験研究から得られる基本的な LWFA スケーリングについてまとめる。LWFA は，単に新しい衝突器の基礎であるだけでなく，標準光度パラダイムを必要としない基礎物理への唯一の近道を与えている。これについては 4 節で述べる。5 節はイオンの加速に集中する。電子加速の明確

な物理過程と比較しつつ議論する。6節は，最新のレーザー圧縮技術とLWFAの新規なゼプト秒科学を始める加速レジームにより，新たに開かれた可能性について議論する。わたしたちは，自然が示す様々な航跡場加速も見つけた。特に，天体物理学的な降着円盤とジェットにおいて。これについては7節で議論する。

　たくさんのLWFAの応用が可能になりつつある。その一つは，高エネルギー光子源を（X線とガンマ線）LWFAで作ることで，それについては8節で述べる。LWFAの医療と製薬応用は重要なものの一つで，9節で扱う。その多くは，その前の節から派生したものである。10節で，私たちのLWFAレビューをまとめる。そこでは，将来の研究の見通しと刺激的な応用が与えられ，そして遠くに見える新しい研究分野の姿が示される。

参考文献

1) Panofsky W., Available: http://www.slac.stanford.edu/pubs/beamline/27/1/27-1-panofsky.pdf.
2) Tajima T., Proc. Jpn. Acad. Ser. B, 86 (2010) 147.
3) Tajima T. and Dawson J., Phys. Rev. Lett., 43 (1979) 267.
4) Chen P., Dawson J., Huff R. W. and Katsouleas T., Phys. Rev. Lett., 54 (1985) 693.
5) Caldwell A. et al., Nat. Phys., 5 (2009) 363.
6) Mourou G. A., Tajima T. and Bulanov S. V., Rev. Mod. Phys., 78 (2006) 309.
7) Veksler V. I., presented at the CERN Symposium on High Energy Acelerators and Pion Physics, CERN, Geneva, Switzerland, 1956, p. 80.
8) Graybill S. and Uglum J., J. Appl. Phys., 41 (1970) 236.
9) Poukey J. and Rostoker N., Plasma Phys., 13 (1971) 897.
10) Rostoker N. and Reiser M., Harwood Lond., 1979.

11) Ryutov D. and Stupakov G., Sov. J. Plasma Phys., 2 (1976) 309.
12) Mako F., in The physics of plasma-driven accelerators and accelerator-driven fusion: The Proceedings of Norman Rostoker Memorial Symposium, Vol. 1721, AIP, New York (2016) p. 50001.
13) Mako F. et al, IEEE Trans. Nucl. Sci., 26 (1979) 4199.
14) Mako F. and Tajima T., Phys. Fluids 1958-1988, 27 (1984) 1815.
15) Tajima T. and Mako F., Phys. Fluids 1958-1988, 21 (1978) 1459.
16) Snavely R. et al., Phys. Rev. Lett., 85 (2000) 2945.
17) Clark E. et al., Phys. Rev. Lett., 85 (2000) 1654.
18) Maksimchuk A. et al. Phys. Rev. Lett., 84 (2000) 4108.
19) Mora P., Phys. Rev. Lett., 90 (2003) 185002.
20) Fuchs J. et al., Nat. Phys., 2 (2006) 48. Introduction: The Basic Philosophy and Historical Background of Lase Wakefield Acceleration.
21) Andreev A. et al., Phys. Rev. Lett., 101 (2008) 155002.
22) Andreev A. et al., Phys. Plasmas 1994-Present, 16 (2009) 13103.
23) Neely D. et al., Appl. Phys. Lett., 89 (2006) 021502.
24) Ceccotti T. et al., Phys. Rev. Lett., 99 (2007) 185002.
25) Esirkepov T.et al., Phys. Rev. Lett., 92 (2004) 175003.
26) Esirkepov T., Yamagiwa M. and Tajima T., Phys. Rev. Lett., 96 (2006) 105001.
27) Matsukado K. et al., "Energetic protons from a few-micron metallic foil evaporated by an intense laser pulse", Phys. Rev. Lett., 91 (2003) 215001.
28) Yan X. et al., Phys. Rev. Lett., 100 (2008) 135003.
29) Rau B. and Tajima T., "Strongly nonlinear magnetosonic waves and ion acceleration", Phys. Plasmas 1994-Present, 5 (1998) 3575.
30) Henig A. et al., Phys. Rev. Lett., 103 (2009) 245003.
31) Tajima T., Habs D. and Yan X., Rev. Accel. Sci. Technol., 2 (2009) 201.
32) Yan X., Tajima T., Hegelich M., Yin L. and Habs D., Appl. Phys. B, 98 (2010) 711.
33) Passoni M., Tikhonchuk V., Lontano M. and Bychenkov V. Y., Phys. Rev. E, 69 (2004) 26411.
34) Schreiber J. et a Phys. Rev. Lett., 97 (2006) 45005.
35) Steinke S. et al., Laser Part. Beams, 28 (2010) 215.
36) O'Neil T., Phys. Fluids, 8 (1965) 2255.

▎レーザー航跡場加速

高輝度レーザーパルスを作り出すレーザー圧縮

翻訳：（国研）理化学研究所　高峰愛子

2 高輝度レーザーパルスを作り出す レーザー圧縮

1章のイントロダクションで述べたLWFA（レーザー航跡場加速）[1] に対する基本要件のひとつは，超高速の高強度レーザーパルス圧縮（fs秒領域）を実現することである。タイミング良くチャープパルス増幅（CPA）技術[5] が発明され，この要求を満たすことができた。このCPAの要求と実現に関する主なレビューは参考文献2)に与えられているので，ここでは繰り返さない。CPAはLWFAを実験的に実現するための主要な方法として開発され，LWFAと共に高強度場科学を推し進めた[2,6]。更に，3章で見るように，LWFAを衝突器へ適用するための要求仕様によって高強度レーザー技術は完全に新しい方向へと発展し，CAN（コヒーレント増幅ネットワーク）ファイバーレーザーシステム[7] が発明された。これにより，高ルミノシティ衝突器ビーム駆動装置[8,9] に必要な高繰り返し率・高効率輝度レーザーを実現した。近年，高エネルギーLWFAのために低密度の加速プラズマ（ないしは高振動数の駆動レーザー）が必要となった。プラズマ密度が低いほど，必要なレーザーエネルギーは高くなる（3章参照）。ナノ秒高エネルギーレーザーをフェムト秒へ圧縮するために高エネルギーレーザーの圧縮技術の手法開発が促された一方，フェムト秒レーザーを単一サイクルレーザー領域へ（CPAを超えて数フェムト秒へ）さらに圧縮したいという欲求が生じた。薄膜圧縮（TFC）技術[4] はこの需要から生まれた。本章ではこの発展経過について詳細に述べる。この単一サイクル光学レーザー圧縮により，TFCの発明以前には想像もつかなかった単一サイクルX線レーザーの可能性への道が拓かれたことは特筆に値する。これはTFCの発明より前には想像もしなかったことであった。それは，この技術は相対論的鏡パルスレーザーへの圧縮を可能とするからである[10,11]。この発展は更に，6章で議論するように，X線LWFAの可能性[12] への道をも拓く。これはCWFAプラズマ密度を下げる代わりに臨界密度を上げることでLWFAスケーリング（3章）にアクセスするためのもう1つの道を拓いた。パルス幅−輝度関係（6章）で予測されていたように[13]，こういった技術が（イクサワットレーザーへの）超高強度レーザーと（ゼプト秒への）超高速パルスレーザー開発の両方に革命をもたらした。このようなレーザーパルスは非常にユニークであるため，その意味するところについて，我々にはいまだ学ばなければならないことがたくさんある。

超短パルスレーザーは小型のレーザーに特有のものであると考えられがちである。パルス幅−ピークパワー関係[13] では逆のことが示されているが，パルス幅とピークパワーは複雑に絡み合っているので，パルスを短くするには，まずそのピークパワーを増大させる必要がある。この論文では，レーザーがゼプト秒やイクサワット領域へ突入することが可能であると予言する例を示す。

1980年台の初頭から光パルス圧縮[14] は数サイクル領域のフェムト秒パルスを生成する標準の方法のひとつとなっていた。この技術はシングルモードファイバーを用

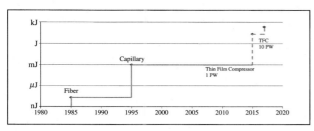

図1 数サイクル光パルスの進化

いていて，自己位相変調で生成されるスペクトル拡大とパルスを広げるための群速度分散の相互関係に基づいている。この両方の効果の組み合わせが，グレーティング対や，プリズム対もしくはチャープミラーのような分散素子を使った線形周波数チャープパルスの生成に寄与している。Grischkowskyら[14]による草分け的な実験では，シングルモード光ファイバーが用いられ，nJのピコ秒パルスをフェムト秒レベルまで圧縮することを可能とした。この研究は非常に大きな興味を喚起し，さらにShankのグループ[15]によって620 nmにおける3周期に相当する6 fsもの短いパルスが生成された（図1を見よ）。彼らの最初の実験では，パルスはたった20 nJしかなかった。これは，コアのサイズが小さいので，光損傷のためにこれ以上のエネルギーは通せなかったためである。エネルギーを高くするために，Sveltoと彼のグループ[16]は希ガスで満たした石英ガラス中空コアキャピラリーを使った圧縮法を導入し，100 μJレベルまで効率良くパルスを圧縮できることを示した。Svelto, Krauszら[17]はこの手法に磨きをかけ，20 fsのパルスを5 fsすなわち800 nmの2周期まで圧縮し，そのエネルギーは典型的にサブmJであった。いずれの場合にもシングルモードファイバーの場合と同様に，圧縮効果は自己位相変調と群速度分散の間の相互関係によって駆動されたものであった。

更にエネルギーを上げるために，CorkumとRolland[18]はバルク圧縮を試みた（図1）。彼らの手法では，パルスは自由に伝播しもはや何によってもガイドされない。500 μJの比較的長い約50 fsの入射パルスに対し，出力が100 μJの20 fsのパルスであった。この手法が失敗したのは，ビームの強度分布がベル型であるためだった。このため，小さなスケールでの自己集束と合わさって不均一広がりが生じ，ビームが一定とみなせるトップ部分のみしかパルスを圧縮することができなかったので，この手法はその効率と有効性に制限を受けた。（6.1節参照）

2.1　大エネルギーパルス圧縮：薄膜圧縮（TFC）

ここで，1 kJもの大きなエネルギーの25 fsのパルスを1－2 fsレベルにまで圧縮するための新しい手法を解説する。これを薄膜圧縮もしくはTFCと呼んでいる（図2）。既に短いレーザーパルス（たとえば25 fs）が誘電体薄膜へ入射し通過すると，レーザーパルスに位相変調が起こりスペクトルが広がる。ひとたびこの非線形光学効果によりスペクトルが広がれば，チャープミラー対を使うことでパルスを約2倍圧縮することができる。もしこの過程を3回行えば，パルスを結局1桁近く圧縮することができる。シミュレーションで示すように，この技術は50％以上もの高効率を誇り，ビームの質も保つことができる[4]。

ベル型分布を持った大型レーザーで以前行われたバルク圧縮とは異なり，この手法は，うまく構成された大型フェムト秒レーザーがトップハット型の性質を持つことを活用している。図3は，ブカレストのレーザー・プラズマ・放射物理国立研究所（NILPR）にあるCETALで27 fs中に27 Jのペタワットレーザー出力を作り出せてい

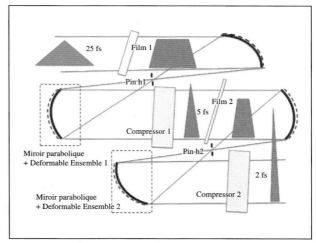

図2　二段階薄膜圧縮器TFCの例。
可能な限り均一厚にした500 μm厚のプラスティック薄膜を，約3-7のB-積分値でフラットトップビームを生成するPWの近接場に設置する。B値を細かく調整するため，およびレーザービームのホットスポットを減らすために使う2つの放物面で構成された望遠鏡の中をビームは伝播する。圧縮する前には，ビームに残っている波面の不均一性と薄膜厚の変動を補正する。パルスはチャープミラーを使って6.4 fsまで圧縮される。この測定は単一ショットオートコリレータを使って行われる。同じステップを100 μmのフィルムを使って第二段階の圧縮器において繰り返し，2 fs, 20 Jの出力を得る。（参考文献4）より）

レーザー航跡場加速

ることを示している[19]。（この最近の応用は参考文献20)に述べられている。5.3節参照。）ローレンスバークレイ研究所のBELLAシステムにおいても似たようなフラットトップのエネルギー分布が示されている。ルーマニアのELI-NPもしくはフランスのアポロンのような次世代のハイパワーレーザーは似たようなトップハットビームを10 PWで出力する。シミュレーションによると，既にパルスは27 fsと非常に短いので，直径16 cmのビームに対して何分の1 mmかの厚さのとても薄い光学素子が必要となる。このような素子の製造は困難を極め，操作するにも極めて壊れやすく，非常に高価なため，高エネルギーパルスのパルス圧縮は実用的ではないと考えられていた。この問題に対する私たちの解は，直径20 cmで厚さ～500 μmの薄いプラスチック膜を使うことである。簡単のためにプラスチックと呼ぶが，この素子は使用波長に対し透明で，頑丈で，柔軟性があり，理想的には波長の何分の1以下程度に均一にさえできれば，PVdC（ポリ塩化ビニリデン），付加PVC（ポリ塩化ビニル），トリアセテート，セルロース，ポリエステル等のような非晶性ポリマー熱可塑性プラスチックを使うことができる。ビームと直交に設置でき，できるだけ均一な厚さであることが重要だが，平らである必要はない。薄い（数分の1 mm）石英とは反対に，大きさ20 cmを超えるシリケートは豊富にあり，安く，より丈夫である。レーザーショットに対し壊れずに耐えられるかは疑わしいが，フィルムが破れた場合は，続いて来るショットに向けて安

価に簡単に取替えられる。図2に示す推奨例では，レーザービームは軸外し放物面ミラーで約10のf比で集束している。この集束ビームには2つの役割がある：a) 強度を最適化するために，フィルムを（小さい距離にわたってだが）上下にスライドし，ビーム強度を調整する，b) 小スケール集束によるビームの不均一性のために生成される高い空間周波数を消す。適切な大きさのピンホールを焦点に設置している。ビームは焦点を結んだ後，2つめの放物面ミラーによって無限遠に再結像する。この時点でパルスを，標準的な単一ショットオートコリレータ法を使って測定することができる。次節のシミュレーションは，100 μm厚のプラスチックを用いて27 J，27 fsのパルスを第一段階で6 fsに圧縮し，第二段階で2 fsに圧縮することを示している。図3にあるように，この二段階圧縮の後もビームは高品質を保ったままである。

このシステムにおいては真の損失がないため，50%以上の全圧縮効率が期待できる。その結果，ピークパワーは10倍近く大きくなる。理想的には，B値には影響しないが波面には害を及ぼしかねないフィルム圧の不均一性を考慮に入れて，各"薄膜"の後には波面補正器を入れるのが理想であることに注意せよ。この単純な方法により，PWレーザーを10 PWレーザー以上に変換しながらパルス幅を10倍以上も劇的に減らすことができる。更には10 PW領域を100 PWや0.1 EWに引き上げることになる。

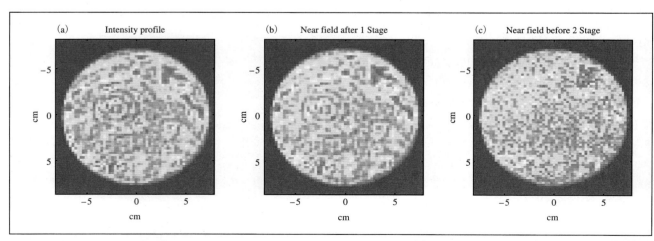

図3 この図は横方向のビーム強度プロファイルを示している。(a) レーザー出力，(b) 第一段階後（空間フィルターなし），(c) 第二段階後（空間フィルターなし）（参考文献4）より）

2.2 二段階薄膜圧縮のモデリング

物理モデル全体を考えよう。固体物質中におけるスペクトル広がりの原因となる主な過程は自己位相変調である。自己位相変調は高強度放射における屈折率の変化の結果であり

$$n = n_0 + 1/2 \cdot n_2 \cdot |A|^2 = n_0 + \gamma \cdot I \quad (1)$$

である。ここでA(t−z/u, z)は電場の複素振幅、Iは強度、n_0は線形屈折率、$\gamma [\text{cm}^2/\text{kW}] = (2 \cdot \pi/n_0)^2 \cdot \chi^3 [\text{ESU}]$、$\chi^{(3)}$は非線形感受率である。光学ガラスにおけるγの典型的な値は$(3\div8)\cdot 10^{-7}\text{cm}^2/\text{GW}$である[21]。他に重要な現象としては線形分散、すなわち屈折率の波長依存性と自己急峻化効果である。パルスパラメータに対するこの過程の影響は準光学近似の枠組みの中で記述できて[22]：

$$\frac{\partial A}{\partial z} + \frac{1}{u}\frac{\partial A}{\partial t} - i\frac{k_2}{2}\frac{\partial^2 A}{\partial t^2} + i\gamma_1 |A|^2 A + \frac{3\pi \cdot \chi^{(3)}}{n_0 \cdot c}\frac{\partial}{\partial t}(|A|^2 A) = 0 \quad (2)$$

である。ここで、$\gamma_1 = (3\pi \cdot k_0 \cdot \chi^{(3)})/(2 \cdot n_0^2)$であり、uは群速度、cは光速、tは時間、zは進行方向の座標、$k_2 = \left.\frac{\partial^2 k}{\partial \omega^2}\right|_{\omega_0}$は群速度分散（GVD）のパラメータであり、$k_0$は波数ベクトルである。z=0において$A = A_0 \cdot \exp(-2\ln(2)t^2/T^2)$を初期条件として使う。チャープミラーは各非線形段階の後に置く。チャープミラーはスペクトル位相を補正し、パルスを短くする。単純な場合、チャープミラーは位相の二次成分のみを補正する。

$$A_c(t) = F\left(e^{\frac{i\alpha\omega^2}{2}} F^{-1}(A_{out}(t,L))\right) \quad (3)$$

ここでA_{out}とA_cは非線形素子の出力と再圧縮後におけるパルスの振幅で、FとF^{-1}は順フーリエ変換および逆フーリエ変換、αはチャープミラーの群速度分散パラメータである。

薄膜圧縮器の可能性を実証するために、次の初期ビームパラメータを用いる：パルス幅T=27 fs、エネルギー27 J、中心波長800 nm、横方向の強度分布が直径160 mmのフラットトップ型。1段目と2段目の非線形素子の厚さは0.5 mmと0.1 mmとする。3次の非線形パラメータはγ=3.35・10^{-7} cm^2/GW、k_2=36.7 fs^2/mmとする。基本波のピーク強度は4.7 TW/cm^{2}であり、1段目と2段目の時間的再圧縮の後ではそれぞれ、パルス幅はそれぞれ6.4 fs、2.1 fsでピーク強度16.6 TW/cm^2、43 TW/cm^{2}である。累

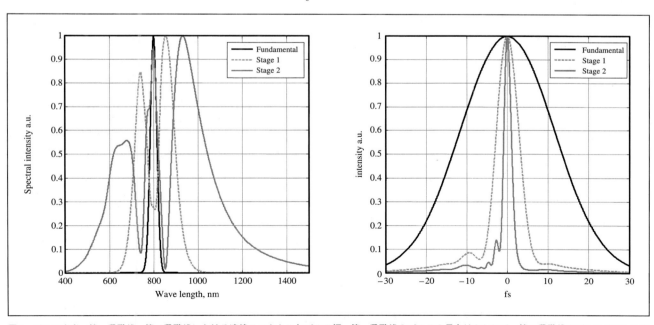

図4　パルス出力、第一段階後、第二段階後における連続スペクトルとパルス幅。第一段階後のパルスの長さは6.4 fsで、第二段階後のパルスは2.1 fsまで圧縮されている。（参考文献4）より

レーザー航跡場加速

積B積分値は許容範囲で，小スケールの自己集束は参考文献23)に示される技術に従って抑制できる。数値シミュレーション結果（スペクトルと時間的な強度プロファイル）は図4にある通りである。

提案した手法により，受動光学素子の助けを得るだけで，当初フーリエ変換限界パルスであったパルスを圧縮し，ピークパワーを1桁上げることができる。更に，数値シミュレーションにより横方向の強度分布が薄膜圧縮器によって大きくは変わらないことが示されている。更に，この圧縮器の主な利点を強調する必要がある—それは，この技術を高エネルギーの特大パワーレーザーシステムに対し適用できるということである。

薄膜を用いたこれに似たような位相変調手法は，光レーザー領域においてサブ周期パルス生成に適用されている[24]。この手法はおそらく高輝度レーザーではなくアト秒科学を狙ったものである[25]。

2.3 相対論的圧縮

この結果は，相対論的な数周期パルスがひとつのλ^2領域（図5(a)を見よ）に集光するいわゆる相対論的λ^3レジーム[10]と極めて関係してくる。相対論的鏡は平面ではなく集光ガウスビームがつくる非均一性によって歪んでいる。この鏡が相対論的に前後や横向きに動くと，反射したビームは特定の方向に伝送され，見事に各パルスを分離する（図5(b)）。相対論的領域では，Naumovaら[11]によって，相対論的鏡によって圧縮されるパルス幅Tは$T=600$（アト秒）$/a_0$とスケーリングされると予想された（図6）。ここでa_0は規格化したベクトルポテンシャルで，Iが10^{18} W/cm^{2}に相当し，強度の二乗根でスケールされる。Pukhovのグループ[26]によっても同様な結果が予測されている。10^{22} W/cm^{2}のオーダーの強度に対しては，圧縮パルスはたった数アト秒のオーダーにもゼプト秒のオーダーにもなりうる。Naumovaら[10]はレーザーの1周期よりもずっと短い数nmの厚さの電子薄膜が形成されることをシミュレーションで示した。これにより，X線およびγ線を良い効率でコヒーレントに散乱できる可能性がもたらされる。相対論的飛行鏡と呼ばれる同様のコンセプトが，加速電子の薄いシートを使って実証された[3,27]。この相対論的鏡からの反射は高効率なパルス圧縮を可能にするであろう。

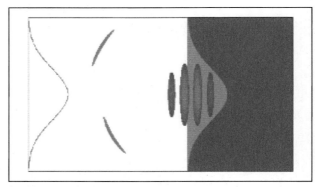

図5(a) 相対論的λ領域における数サイクルパルスの相互作用。莫大な輻射圧により成形されたミラーを表わしている。この時間スケールは電子だけが動ける時間である。イオンは遅すぎて追従できない。（参考文献10)より）

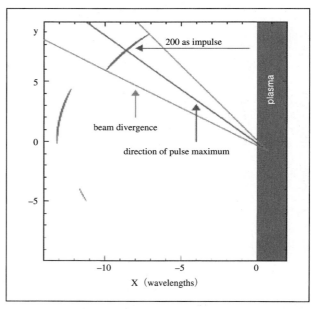

図5(b) Zの大きいターゲットによる超相対論的パルスの反射によって特定の方向へビームが送出される。パルスはa_0に比例して圧縮される。これらのパルスは簡単に分離できる。（参考文献10)より）

2.4 真空の非線形性と真空における パルス圧縮の物理

真空ではn_2の値は，ガラスのような光学的に透明な媒質よりも18桁小さくなるが，パルスが極端に短く圧縮されると，真空中でも一定の非線形性を示す。その臨界パワーは周波数の2乗に逆比例し，真空臨界パワーは1.0 μmで10^{24} Wである[2]。臨界パワーはアト秒パルスに対しては6桁小さく，ないしは1 keVのX線に対しては10^{18}

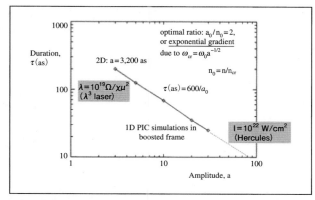

図6 規格化ベクトルポテンシャルa_0の関数としてのパルス幅。パルス幅の式は$600\ as/a_0$と導出される。1000オーダーのa_0に対し，600 zsのパルス幅を達成しうる。（参考文献10）より）

Wとなる。この条件の下では，真空臨界パワーは1Jで達成されうるので手が届く可能性がある。入射エネルギー250Jの10PWレーザーに対して，これはたったの0.4%の効率に相当する。空気中でフィラメントができる[28]ように真空中でフィラメント構造が作り出せると想像することは大変魅力的である。そのサイズは直径10^{-5} cmのフィラメントに相当する10^{29} W/cm^{2}の強度に近づくと，"真空のやぶれ"もしくは電子対生成により制限される。

結論として，最新のPWや10PWパルスの高ピークパワーレーザーをトップハット分布で作り出せる技術と薄膜圧縮器を組み合わせると，超相対論的なλ^3パルスの形でシングルフェムト秒幅の100PWパルスを作り出すことができる。これらと固体との相互作用によりアト秒やゼプト秒にも及ぶ数EWパルスを作り出せると予測される。

参考文献

1) Tajima T. and Dawson J., Phys. Rev. Lett., 43 (1979) 267.
2) Mourou G. A., Tajima T., and Bulanov S. V., Rev Mod Phys, 78 (2006) 309.
3) Esirkepov T. *et al.*, Phys. Rev. Lett., 92 (2004) 175003.
4) Mourou G. *et al.*, Eur. Phys. J. Spec. Top., 223, (2014) 1181.
5) Strickland D. and Mourou G., Opt. Commun., 56, (1985) 219.
6) Tajima T., Mima K., and Baldis H., *High-Field Science*. Springer, 2000.
7) Mourou G., Brocklesby B., Tajima T., and Limpert J., Nat. Photonics, 7 (2013) 258.
8) Xie M., Tajima T., Yokoya K., and Chattopadhyay S., AIP Conf. Proc., 398 (1997) 233.
9) Leemans W. *et al.*, "ICFA Beam Dynamics Newsletter," no. 56 (2011).
10) Naumova N. *et al.*, Phys. Rev. Lett., 92 (2004) 63902.
11) Naumova N. *et al.*, Phys. Rev. Lett., 93 (2004) 195003.
12) Tajima T., Eur. Phys. J. Spec. Top., 223 (2014) 1037.
13) Mourou G. and Tajima T., Science, 331 (2011) 41.
14) Grischkowsky D. and Balant A., Appl. Phys. Lett., 41 (1982) 1.
15) Knox W. *et al.*, Phys. Rev. Lett., 54 (1985) 1306.
16) Nisoli M. *et al.*, Appl. Phys. Lett., 68 (1996) 2793.
17) Nisoli M. *et al.*, Opt. Lett., 22, 8 (1997) 522.
18) Rolland C. and Corkum P. B., JOSA B, 5 (1988) 641.
19) Wheeler J., Mourou G., and Mironov S., "Laser compression by the thin film compression," 2016. (private communication)
20) Zhou M. *et al.*, *Phys. Plasmas 1994-Present*, 23 (2016) 43112.
21) Potemkin A. K. *et al.*, IEEE J. Quantum Electron., 45 (2009) 336.
22) Akhmanov S. A. *et al.*, Mosc. Izd. Nauka, 1, 1988.
23) Mironov S. *et al.*, Appl. Phys. B, 113 (2013) 147.
24) Hassan M. T. *et al.*, Nature, 530 (2016) 66.
25) Corkum P. and Krausz F., Nat. Phys., 3 (2007) 381.
26) An der Brügge D. and Pukhov A., Phys. Plasmas 1994-Present, 17 (2010) 33110.
27) Bulanov S. V., *et al.*, Phys. Plasmas 1994-Present, 1 (1994) 745.
28) Braun A. *et al.*, Opt. Lett. (1995) 73.

▌レーザー航跡場加速

航跡場加速の
スケーリング則

翻訳：（国研）理化学研究所，長岡技術科学大学　**生駒直弥**

3 航跡場加速のスケーリング

　これまでに，レーザー航跡場加速（LWFA）に関する基本的な原理と，より深い研究が蓄積されてきた[1~3]。一方で，その実験的な実現に向けた多くの仕事もなされてきた。ここでは，LWFAの実現に向けた幾つかの主なマイルストーンについて紹介しよう。

　Nakajimaらは，自己変調（self-modulated）LWFAによる初の電子加速実験を行った[4, 5]。Modenaらは，約40 MeVの電子の観測を報告した[6]。Dewaら[7]は100 MeVの電子を観測した。2004年には，100 MeVレベルの準単色電子加速に関する報告が3つほぼ同時に続いた[8~10]。予め生成したチャネルによる相対論的レーザー集束が，Geddesらにより実証された[11]。Leemansらは，1 GeVレベルの電子加速を初めて報告した[12]。LWFAへの電子の光学的入射が，Faureらによって行われた[13]。Matlisらは，初のLWFAの直接可視化を行った[14]。1 GeVレベルの安定な自己集束LWFAが，Hafzら[15]によって実証された。Schmidらは，急峻な電子密度勾配による安定な電子の自己入射を実証した。Buckらは，LWFAの磁気信号のオンライン計測を行った[16]。Liu, Pollockらによって，多段LWFAが実証された[17, 18]。将来のコライダー等への応用に向けて，Mourouら[19]はファイバー技術に基づく新しい高繰り返し，高効率レーザーを開発した。3 GeVレベルの加速が，Kimらによって報告された[20]。

　導入的な議論は上に紹介した論文に任せ，ここではそのエネルギーゲインをいかにスケールアップするかにのみ集中する。

3.1　レーザープラズマによる電子加速の現状

　1979年にTajimaとDawson[1]は，強力なレーザーパルスによって駆動される高振幅のプラズマ密度波の電界を利用することを提案した。彼らは，100％近い密度変調が起こり，10^{18}［cm^{-3}］付近のプラズマ密度において電荷分離電界が100 GV/mを超えることを示した。LWFAによって，cmスケールのプラズマの中で高品質な電子ビームが数GeVまで加速できる。230 TWレーザーで4.2 GeVの加速を行ったLBNLのBELLA（Berkeley Lab Laser Accelerator）プロジェクト[21]をはじめ，様々な報告がなされている[20, 22, 23]。世界中の大規模なレーザーおよび粒子加速器施設で，10 GeVを超える電子加速が試みられている。100 GeVに達する電子加速を実現する方法の1つは，数PWのレーザーを採用することである。

　LWFAのスケールアップについて，自己集束とチャネル集束と呼ばれる2つの観点から概観しよう。

自己集束レーザー航跡場加速：

　相対論的強度（$a_0 \geq 1$）で，$P > P_c$のパワーを有する極短（$c\tau_L \cong \lambda_p$）レーザーパルスが，不足密度プラズマ（$\omega_p < \omega_L$）に入射すると，パルス先頭のプラズマ電子は，プラズマ波の最初の周期で，パルスの立ち上がりの間に完全に吹き飛ばされる。ここで，$P_c = 17 n_c / n_e$［GW］は，密度n_eのプラズマに対して相対論的自己集束を生じるた

めの臨界パワーである。レーザーパルスのほとんどは，電子密度が低下して屈折率が大きくなった領域内に存在するため集束される。しかし，電子の慣性のため，この屈折率チャネルは，プラズマ表皮深さc/ω_pのオーダーの縦方向のチャネルを形成する。そのため，レーザーパルスの先頭は回折のため常に侵食され続け，後に続くパルスに対する集束の度合いは，レーザーパルスに沿って変化する。この侵食速度は，レイリー長Z_Rあたりc/ω_pであり，このような極短パルスが自己集束される距離は，レイリー長の数倍に制限される。しかし，スポット半径r_Lをバブル半径R_Bと一致させ，$r_L \sim R_B \simeq 2\sqrt{a_0/k_p}$とすれば，回折による侵食にも関わらず，数10レイリー長を超える自己集束および航跡場の励起が可能となる[24, 25]。この機構はブローアウト（バブル）レジームと呼ばれ，3次元particle-in-cell（3D PIC）シミュレーションによって研究されてきた（図1[26]）。自己集束が維持される距離は，レーザーがプラズマ波励起によりパワーを失う距離で制限される。これはポンプ減衰長と呼ばれ，$L_{pd} \cong c\tau_L(\omega_0^2/\omega_p^2) = c\tau_L(n_c/n_e)$で与えられる。ポンプ減衰長を超えると，パルスは著しく侵食され，もはや航跡場を励起できるほどの強さがなくなり，集束もされなくなる。

チャネル集束レーザー航跡場加速：

プラズマ中で加速距離を数mmに制限する回折を被らずに，レイリー長を大幅に超えて高強度レーザーを導くため，放物線型の半径方向密度分布を持つプラズマチャネルを予め形成するプラズマ導波路と呼ばれる技術が開発された。このようなプラズマチャネルの長さは約10 cmに制限されるものの，自己集束で問題になるレーザービームのフィラメント化やホース化といった不安定性が防がれ，整合された条件のもとで相対論的高強度レーザーパルスの伝播が安定化される。

3.2 レーザー航跡場加速のスケーリング則

過去20年間の様々な実験データと，理論的なLWFAモデルを比較することは，エネルギーゲイン，電子の電荷量，要求されるレーザー，プラズマの条件を正しく予測し得るスケーリング則を得るのに有益である[27〜31]。図2は，測定された電子ビームのエネルギーと，a_0とn_eの関数として与えられる以下のエネルギースケーリング式を比較している。

電子ビームを最大エネルギーE_bまで加速するための，自己集束レーザー航跡場加速のスケーリングは，次式で与えられる。

$$E_b = \frac{2}{3}m_e c^2 a_0 \frac{n_c}{n_e} = 0.38[\text{GeV}]a_0 \left(\frac{1[\mu\text{m}]}{\lambda_L}\right)^2 \left(\frac{10^{18}[\text{cm}^{-3}]}{n_e}\right) \quad (1)$$

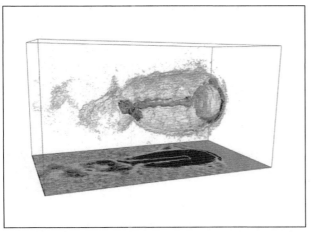

図1 3D-PICで計算された，バブルレジームにおけるレーザー航跡場の電子密度分布[26]。

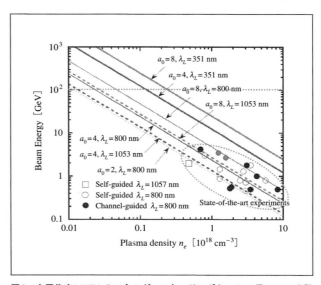

図2 自己集束LWFAのエネルギースケーリングと，GeV級LWFA実験で測定された電子のエネルギー。

▌レーザー航跡場加速

ここで，$a_0 \simeq 0.855 \times 10^{-9} \left(I_L[\mathrm{W/cm^2}]\right)^{1/2} \lambda_L[\mu m]$，$n_c = \pi / \left(r_e \lambda_L^2\right)$，$\lambda_L$ はレーザーの波長，n_e はプラズマ密度である。E_b に到達する加速長 L_{acc} は，脱位相長とした。これは，電子がプラズマ波の位相速度に追いついて減速位相に入るまでに進む距離である。

$$L_{acc} = L_{dp} = \frac{2}{3\pi}\sqrt{a_0}\,\lambda_L\left(\frac{n_c}{n_e}\right)^{3/2}$$

$$= 7.9[\mathrm{mm}]\sqrt{a_0}\left(\frac{1[\mu m]}{\lambda_L}\right)^2\left(\frac{10^{18}[\mathrm{cm^{-3}}]}{n_e}\right)^{3/2} \quad (2)$$

電子が加速される間は自己集束が維持されねばならない（$L_{pd} \geq L_{dp}$）から，必要なパルス幅は次のように書ける。

$$\tau_L \geq \frac{2}{3\pi}\sqrt{a_0}\,\frac{\lambda_L}{c}\left(\frac{n_c}{n_e}\right)^{1/2}$$

$$= 24[\mathrm{fs}]\sqrt{a_0}\left(\frac{10^{18}[\mathrm{cm^{-3}}]}{n_e}\right)^{1/2} \quad (3)$$

図2に示すように，このスケーリングは GeV 級のレーザー航跡場加速実験の結果を予測することができる。

高いエネルギーゲインを得るには，高い a_0（すなわちレーザーの集光強度 I_L）と短い波長 λ_L が必要であることは明らかで，それは $\propto a_0\lambda_L^{-2}$ としてスケーリングされる。これは，波長が短くなると，臨界密度の増加に伴い脱位相長が長くなり，与えられた a_0 に対して自己集束長が長くなることに起因する。これにより電子密度が増加し，レーザー航跡場への電子の自己入射の閾値，そして自己集束のための臨界パワーを下げることができる。

3.3 レーザー航跡場加速器の設計

与えられたエネルギー E_b[GeV] と電荷 Q_b[pC] に対して，自己集束 LWFA のパラメータは，以下のように設計される。まず，ビームローディングによる電界減衰係数 α_c は，次の方程式を解くことで得られる。

$$\alpha_c^2 + C\alpha_c^{3/2} - 1 = 0 \quad (4)$$

ここで，係数 C は $C = \left(Q_b/123\right)\kappa_c^{1/2}\lambda_L^{-1}E_b^{-1/2}\left(k_p\sigma_b\right)^{-2}$ で与えられる。プラズマ密度は，波長 $\lambda_L[\mu m]$ のレーザーパルスの群速度の相対論的補正 κ_c を考慮し，式(1)を用いて次のように決定される。

$$n_e[\mathrm{cm^{-3}}] \approx 3.8 \times 10^{17}\kappa_c\alpha_0\lambda_L^{-2}\left(E_b/\alpha_c\right)^{-1} \quad (5)$$

ここで，群速度の補正係数は次のように定義される。

$$\kappa_c = \frac{a_0^2/8}{\sqrt{1+a_0^2/2}-1-\ln\left(\sqrt{1+a_0^2/2}+1\right)+\ln 2} \quad (6)$$

先程と同様に $L_{acc}=L_{dp}$，$L_{pd} \geq L_{dp}$ として，ビーム負荷がある場合の加速長とパルス幅は次のように設定される。

$$L_{acc}[\mathrm{cm}] \approx 3.6 a_0^{-1}\kappa_c^{-1/2}\lambda_L\left(E_b/\alpha_c\right)^{3/2} \quad (7)$$

$$\tau_L[\mathrm{fs}] \geq 38\kappa_c^{1/2}\lambda_L\left(E_b/\alpha_c\right)^{1/2} \quad (8)$$

標準的な近軸形式の波動方程式の解析から，ビームが一定のスポットサイズ $R_m \equiv k_p r_L$ で伝搬するという条件での，整合されたスポット半径 r_L が与えられる。

$$R_m^2 = \frac{\ln\left(1+a_0^2/2\right)}{\sqrt{1+a_0^2/2}-1-2\ln\left(\sqrt{1+a_0^2/2}+1\right)+2\ln 2} \quad (9)$$

整合されたレーザーパルスの伝搬のためには，スポット半径は次のように設定される。

$$r_L[\mu m] \approx 8.7 R_m\left(a_0\kappa_c\right)^{-1}\lambda_L\left(E_b/\alpha_c\right)^{1/2} \quad (10)$$

これに対応する整合されたパワー P_L は，$P_L = \left(k_p^2 r_0^2 a_0^2/32\right)P_c$ で与えられる。したがって整合されたピークパワーは次のように計算できる。

$$P_L[\mathrm{TW}] \approx 1.6 a_0\kappa_c^{-1}R_m^2\left(E_b/\alpha_c\right) \quad (11)$$

必要なパルスエネルギーは以下のように書ける。

$$U_L[\mathrm{J}] = P_L\tau_L$$

$$\geq 0.06 a_0\kappa_c^{-1/2}R_m^2\lambda_L\left(E_b/\alpha_c\right)^{3/2} \quad (12)$$

図3に，$\lambda_L = 351[\mathrm{nm}]$ の場合の，エネルギーゲイン E_b[GeV] に対するプラズマ密度 $n_e[10^{15}\,\mathrm{cm^{-3}}]$，加速長 $L_{acc} \cong L_{dp}[\mathrm{m}]$，必要なパルス幅 $\tau_L[\mathrm{fs}]$，整合されたスポット半径 $r_L[\mu m]$，整合されたピークパワー $P_L[\mathrm{PW}]$，必要なパルスエネルギー $U_L[\mathrm{kJ}]$ の各設計パラメータ示す。

表1は，40と100 GeV のレーザープラズマ加速器の設計パラメータである。比較のため，ローレンツブースト座標系の OSIRIS コード[32]を用いた，$\lambda_L = 800[\mathrm{nm}]$ の場合の 3D PIC の計算結果も併せて示している。40 GeV の

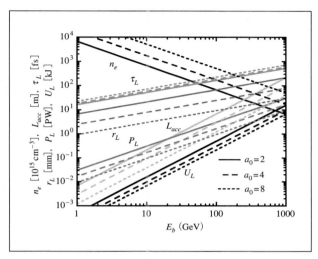

図3 $a_c=0.9$, $\lambda_L=351$ nmの場合の，バブルレジームにおける自己集束LWFAの各パラメータ。
E_b [GeV] の関数として，n_e [10^{15} cm^{-3}], $L_{acc}\simeq L_{dp}$ [m], τ_L [fs], r_L [μm], P_L [PW], U_L [kJ] を, $a_0=2$（実線），$a_0=4$（破線），$a_0=8$（点線）の場合についてそれぞれプロットした。

設計パラメータは，計算結果とよく一致している。

3.4 電子入射器

電子の入射段階では，加速段階と同じレーザーパルスによって，電子ビームを生成及び加速することができる。この入射器は，加速段階の直前に置いたガスジェットまたは可変長ガスセルから構成され，加速段階とは独立にプラズマ密度を制御し，加速段階にレーザーを集光するための薄いプラズマレンズとして機能する。

これまでに，小さなエネルギー拡がり，低いエミッタンス，高い安定性を有する，いくつかの電子入射方式が実証されている。ここでは，膨張バブル自己入射[33]及び電離誘導入射[34]と呼ばれる2つの自己入射機構について考察する。

膨張バブル自己入射：

加速段階の入口にガスジェットのような低密度の中性ガスを配置し，レーザーを照射することで，高密度な薄いプラズマ板が生成される。このプラズマ板を伝搬するレーザーパルスは，自己集束によって加速段階のプラズマに集束される。集束されたレーザーパルスはバブルを生成して回折され，電子を捕獲する膨張バブルを駆動する[33]。回折が安定して自己集束が始まると，電子の自己入射は終了する。したがって，高密度のプラズマ板は，電子入射器と言うよりはレーザーパルスを集束するための「レンズ」の役割を担う。プラズマ板内での過度の集束とブローアウトを避けるために，薄レンズ近似[33]による定義を用いて，レンズの厚さは以下に制限される。

$$L_{lens} < \frac{a_{lens}^2 Z_R}{8}\left(\frac{P}{P_c}\right)^{-1/2} \quad (13)$$

ここで，$Z_R=\pi r_{lens}^2/\lambda_L$は，プラズマレンズでのスポット半径$r_{lens}$に対応するレイリー長である。高強度パルスを効率良く集束するためには$P/P_c>20$が要求されるので，この入射手法はバブルレジームのLWFAに有利である。最小集束スポット半径r_{min}と焦点距離f_{lens}[35]は，

$$r_{min} = r_{lens}\left(\frac{1-\delta^2}{1+(P/P_c-1)\delta^2}\right)^{1/2} \quad (14)$$

表1 ローレンツブースト座標系による3D-PICコードOSIRISによる計算結果[32]と比較した40, 100 GeVの自己集束LWFAの設計パラメータ。

Case	A	B	Ref.[32]	C	D	E	F
E_b [GeV]	40	40	38	100	100	100	100
n_e [10^{16} cm^{-3}]	3.2	17	2.2	1.2	6.7	17	51
L_{dp} [m]	4	1.7	5	12	6.7	3.0	1.2
λ_L [nm]	800	351	800	1053	351	351	351
a_0	2	2	2	3	2	4	8
r_0 [μm]	95	42	100	110	67	25	9.3
τ_L [fs]	224	103	160	500	163	185	225
P_L [PW]	1.2	1.2	1.4	2.1	3.0	1.7	0.95
U_L [kJ]	0.26	0.125	0.22	1.03	0.50	0.3	0.21
Q_b [pC]	127	56	300	250	89	178	64

レーザー航跡場加速

$$f_{lens} = L_{lens} \frac{P/P_c}{1+(P/P_c-1)\delta^2} \tag{15}$$

で与えられる。ここで，$\delta = \left(L_{lens}\sqrt{P/P_c-1}\right)/Z_R$は規格化したレンズ厚さである。レンズのプラズマ密度は，ラマン不安定性と航跡場の励起によるエネルギー減衰を抑えるように選ばれる。

　電子入射のシナリオは次のように説明される。プラズマレンズによって，加速器プラズマにレーザーが集光され，放射圧が全ての電子をレーザーパルスの外に吹き飛ばし，高密度な電子シースが形成される。レーザーが非線形集束の後に回折されるにつれて，バブルは急速に膨張し，幾つかのシース電子は移動するバブル境界の後ろに回り込み，バブル内部に留まる。高密度のプラズマ板における自己集束過程の間に，強い相対論的なレーザープラズマ相互作用が，ラマン前方散乱（RFS）を引き起こす。そのうちの最も重要なRFS-SSの3波散乱[35]の成長率は次で与えられる。

$$G = 2\sqrt{\frac{r_{lens}}{r_{min}}\omega_{plens}\tau_L}$$
$$\approx 0.475\left[\frac{r_{lens}}{r_{min}}\left(\frac{\tau_L}{1[fs]}\right)\left(\frac{n_{elens}}{10^{18}[cm^{-3}]}\right)^{1/2}\right]^{1/2} \tag{16}$$

プラズマレンズのパラメータは，表2のように計算される。

電離誘導入射：

　電離誘導入射[34]に関する理論的考察によると，レーザー電場のピークで電離された電子を捕獲するのに必要最小レーザー強度は，以下で表される。

$$1-\gamma_p^{-1} \leq 0.64a_{0min'}^2 \tag{17}$$

ここで，$\gamma_p = (n_c/n_e)^{1/2}$は，プラズマ波の位相速度，つまり$\beta_p = \left(1-\omega_p^2/\omega_L^2\right)^{1/2}$に対応するローレンツ因子である。PICシミュレーションの結果から，捕獲される電子数は，$\alpha_N k_p L_{mix} \leq 2$の場合以下のようにスケーリングされる。

$$N_e[\mu m^{-2}] \sim 8\times10^7 a_N k_p L_{mix}(n_e/n_c)^{1/2} \tag{18}$$

ここで，L_{mix}は混合ガスセルの長さ，α_Nは窒素濃度である。エネルギー拡がりもこれら両方の値に比例する。$\alpha_N \approx 1\%$，

表2　100 GeV加速段階前段の，電子入射器のためのプラズマレンズのパラメータ。

Case	C	D	E	F
L_{lens} [mm]	1	1	1	1
λ_L [nm]	1053	351	351	351
τ_L [fs]	500	163	185	225
a_0	3	2	4	8
a_{lens}	1.5	1.34	1.	0.74
r_L [μm]	110	67	25	9.3
r_{lens} [μm]	220	100	100	100
n_{elens} [10^{18} cm^{-3}]	2.3	0.39	2.4	11.6
P/P_c	274.6	7.72	26.7	71.1
f_{lens} [mm]	60	7.7	24.6	44.0
G	18.5	5.85	16.1	43.1

$L_{mix} \approx 10$ [mm] $(n_e/[10^{16}$ cm$^{-3}])^{-1/2}/\alpha_N \sim 9$ mmのケースC（加速器段階の上流側にノズル幅9 mmのガスジェットを設けることに相当）では，半径$r_b = 1/k_p \approx 53$ [μm] $(n_e/[10^{16}$ cm$^{-3}])^{-1/2}$のバンチ内部に捕獲された電子の数は，次のように見積もられる。

$$N_b \sim N_e k_p^2 r_b^2/(4r_e n_e)$$
$$\sim 4\times10^9\left(n_e/10^{16}[cm^{-3}]\right)^{-1/2}\left(\lambda_L[\mu m]\right)^2 \tag{19}$$
$$\sim 4\times10^9$$

この入射器は，相対的なエネルギー拡がりが1％以下の高品質なビームを生成できる。

3.5　プラズマ導波路

　プラズマ加速器は，前に述べた電子入射スキームに基づく入射段階と，プラズマ導波路で構成される。プラズマ導波路の中を伝搬するレーザーパルスが，電子を加速するための航跡場を励起する。

　プラズマ導波路は，レーザー照射による気体力学的膨張，ガス封入キャピラリのパルス放電など様々な手法によって生成される。しかし，そのような導波路の長さは10 cm以下に制限され，生成されるプラズマ密度は$n_e \geq 10^{17}$ [cm^{-3}] である。RF放電を用いた低密度（$n_e \sim 10^{14}$–10^{17} [cm^{-3}]）かつ大型（〜1 – 10 m）のプラズマ導波路の生成も提案されている。この利点は，安定で長寿命，生成効率が高い，高繰り返し，メートル級の長さが実現可能という点である。一方，高密度プラズマの生成には高い中性ガス圧力が必要であり，高強度レーザーパルスの伝搬に伴って残っている中性ガスがさらに電離され，密度プロファイルが変化する点が欠点である。超高強度レーザーパルスを集束するため，水素やヘリウムのよう

なlow-Zガスの完全電離プラズマを用いる必要がある。

衝撃波駆動プラズマ導波路:

衝撃波駆動プラズマ導波路[36, 37]は，プラズマの点火と加熱に2つのレーザーパルスを用いる「点火–加熱法」で生成される。low-Zガスを用いる場合，レーザーパルスは次の条件を満たす必要がある。

(1) 点火パルスは，バリア抑制電離によって自由電子を生成するのに十分な輝度（典型的には，水素ガスに対して$>2\times10^{14}$[W/cm^2]）を有すること。
(2) 加熱パルスは，高いエネルギーと長いパルス幅（>100 ps）が求められるが，逆制動放射によって効率良くプラズマを加熱するため，比較的低輝度（$<1\times10^{13}$[W/cm^2]）であること。

これらの集光強度に対し，スポット半径，パルス幅を仮定することで，必要なパルスエネルギーが得られる。

衝撃波駆動プラズマ導波路のプラズマパラメータは，円筒対称の爆風の自己相似展開モデルによって見積もられる。衝撃波速度は次のように与えられる[38, 39]。

$$V_{shock}(t) = \xi_0 (E_{th}/\rho_0)^{1/4} t^{-1/2} \quad (20)$$

ここで，E_{th}は最初に膨張を駆動する単位長さ当たりの熱エネルギー，ρ_0は初期質量密度，ξ_0は比熱比に依存する無次元量であり，比熱比$\gamma=5/3$の理想気体では$\xi_0\simeq0.55$である。逆制動放射によるプラズマ加熱を考慮すると，その吸収係数[40]は，

$$\kappa_{IB} \cong 7.8\times10^{-9} Z n_e^2 \lambda_L^2 ln\Lambda c^{-2} (k_B T)^{-3/2} \quad (21)$$

である。ここで，$k_B T$[eV]はプラズマ温度，$ln\Lambda\sim8$である。

3.6 100 GeV加速を実現するための実験設計

ここでは，500 fs, 3.5 kJのパルスを供給するPETALレーザーや，Laser Mega Joul（LMJ）のような大型レーザー施設を利用した，100 GeVに達するLWFA実験を設計する。この実験では，数PWのレーザーによって駆動されるレーザープラズマ加速器と図4のような標的チェンバー等を駆使して，100 GeVの電子加速を目指す。

この実験の目的は，大きな電荷量と高い品質を持つ100 GeVレベルの電子加速を実証することである。まず，電子の自己入射と非線形レーザー航跡場による，数10 GeVの加速が検証される。続いて，加速プラズマ媒体となるメートルスケールのガスセルの検証が行われる。このガスセルは，1053 nm（1ω）のレーザーに基づいて設計される。第2に，351 nm（3ω）のUVレーザーによるエネルギーゲインを調べる。これにより，1ωより約10倍高い100 GeVに達するエネルギーゲインが得られるだろう。第3に，ピコ秒の1ωまたは3ωパルスで生成される長距離プラズマ導波路を用いた，チャネル集束LPA（Laser Plasma Accelerators）を開発する。

これらの結果は，超高出力レーザー，相対論的プラズマ光学，TeV-PeV領域への粒子加速の3つの最先端の科学分野に，相乗効果を作り出すだろう。

3.7 高エネルギーフロンティア衝突器に向けた見通し

LWFAという新しい概念は，超伝導スーパーコライダー[41]計画の中止に象徴されるように，巨大で高価な高エネルギー加速器は終わりに近づくだろうという長年の感覚に動機づけられている。そのため，LWFAの高エネ

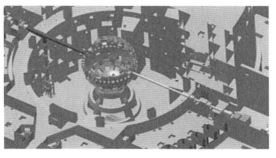

(a) 数PWレーザー（青），直径10 mのLMJ標的チェンバー，レーザープラズマ加速器（黄）。

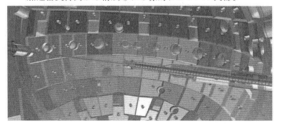

(b) 電子入射器，プラズマ導波路，定位置へのインサータ，加速器支持具から構成される標的チェンバー内部。

図4 PETALレーザーを用いた100 GeVを超える実験セットアップ。

▌レーザー航跡場加速

ルギーフロンティア衝突器への応用は最高の目標の1つである。TeVの重心エネルギーを有する電子−陽電子コライダーは，多段のレーザー航跡場加速器で構成される。ここでは，半径方向のプラズマ波によって電子と陽電子を収束[42]しつつ加速する能力を考慮して，$a_0 \sim 1$準線形航跡場レジームが採用される。最も重要なパラメータであるプラズマ密度n_eは，以下のように設計される。

電子−陽電子リニアコライダーでは，衝突断面積$\sigma(e^-e^+ \to e^-e^+) \propto E_b^{-2}$と，以下のルミノシティ$L$との積によって決まるイベントレートが重要である。

$$L = \frac{f_c N_b^2}{4\pi \sigma_x \sigma_y} \qquad (22)$$

ここで，f_cは衝突頻度，N_bはバンチあたりの粒子数，σ_x，σ_yはそれぞれ衝突点での水平，垂直方向のrmsビームサイズである。将来のTeV級コライダーに要求されるルミノシティは，$L[10^{34}\,\mathrm{cm^{-2}s^{-1}}] \approx 4\,(E_b[\mathrm{TeV}])^2$ [42] と近似的にスケーリングされる。必要な衝突頻度は，

$$f_c \cong 5[\mathrm{kHz}]\left(\frac{\sigma_x \sigma_y}{1[\mathrm{nm^2}]}\right)\left(\frac{E_b}{1[\mathrm{TeV}]}\right)\left(\frac{N_b}{10^9}\right)^{-2} \qquad (23)$$

であり，ビームパワーは次のように書ける。

$$\begin{aligned} P_b &= f_c N_b E_b \\ &\approx 0.8[\mathrm{MW}]\left(\frac{\sigma_x \sigma_y}{1[\mathrm{nm^2}]}\right)\left(\frac{E_b}{1[\mathrm{TeV}]}\right)^3\left(\frac{N_b}{10^9}\right)^{-1} \end{aligned} \qquad (24)$$

バンチあたりの粒子数は，次で与えられる。

$$\begin{aligned} N_b &= Q_b / e \\ &\approx 1.49 \times 10^9 \frac{\eta_b}{1-\eta_b}(k_p \sigma_{x0})^2 \left(\frac{E_z}{E_0}\right)\left(\frac{n_e}{10^{17}[\mathrm{cm^{-3}}]}\right)^{-1/2} \end{aligned} \qquad (25)$$

ここで，Q_bはバンチの電荷，$\eta_b = 1-(E_z/E_M)^2$はビームローディング効率（最大電界E_Mとビーム負荷時の電界E_zにおけるプラズマ波のエネルギー比）である。これは，半径$r_b = \sqrt{2}\sigma_{x0}$，プラズマ波の非相対論的砕波振幅$E_0 = m_e c \omega_p / e \approx 96[\mathrm{GV/m}]\,(n_e/[10^{18}\,\mathrm{cm^{-3}}])^{1/2}$を持つバンチ内の粒子に，エネルギーが吸収されることで生じる。したがって，必要なビームパワーは，次のように書ける。

$$\begin{aligned} P_b &\approx 0.54[\mathrm{MW}](1-\eta_b)\eta_b^{-1}\left(k_p \sigma_{x0}\right)^2 \left(E_z/E_0\right)^{-1} \\ &\quad \left(\sigma_x \sigma_y / 1[\mathrm{nm^2}]\right)\left(E_b / 1[\mathrm{TeV}]\right)^3 \\ &\quad \left(n_e / 10^{17}[\mathrm{cm^{-3}}]\right)^{1/2} \end{aligned} \qquad (26)$$

一段当たりの平均レーザーパワーは$P_{avg} = f_c U_L$，コライダーの全壁プラグ電力は$P_{wall} = 2N_{stage}P_{avg}/\eta_L = 2f_c U_L N_{stage}/\eta_L$である。ここで，$U_L$は一段当たりのレーザーエネルギー，$\eta_L$は壁プラグからレーザーへの効率，$N_{stage}$は1ビームあたりの段数である。$a_0 = 1.4$，パルス長$k_p \sigma_L = \sqrt{2}$のレーザーで駆動される典型的な準線形航跡場では，一段当たりの平均レーザーパワーは，

$$\begin{aligned} P_{ave} &\approx 3.55[\mathrm{kW}](1-\eta_b)^2 \eta_b^{-2}\left(k_p r_L\right)^2 \left(k_p \sigma_{x0}\right)^{-4} \\ &\quad \left(E_z/E_0\right)^{-2}\left(\lambda_L / 1[\mu\mathrm{m}]\right)^{-2}\left(\sigma_x \sigma_y / 1[\mathrm{nm^2}]\right) \\ &\quad \left(E_b / 1[\mathrm{TeV}]\right)^2\left(n_e / 10^{17}[\mathrm{cm^{-3}}]\right)^{-1/2} \end{aligned} \qquad (27)$$

となる。ここで，r_Lはレーザーのスポット半径である。また，壁プラグ電力は以下で与えられる。

表3 LPAパラメータの動作電子密度に関するスケーリング関係。

Accelerating field E_z	$\propto n_e^{1/2}$
Stage length L_{stage}	$\propto n_e^{-3/2}$
Energy gain per stage W_{stage}	$\propto n_e^{-1}$
Number of stages N_{stage}	$\propto n_e$
Total linac length L_{total}	$\propto n_e^{-1/2}$
Number of particles per bunch N_b	$\propto n_e^{-1/2}$
Laser pulse duration τ_L	$\propto n_e^{-1/2}$
Laser peak power P_L	$\propto n_e^{-1}$
Laser energy per stage U_L	$\propto n_e^{-3/2}$
Synchrotron radiation loss $\Delta\gamma$	$\propto n_e^{1/2}$
Radiative energy spread σ_γ/γ_f	$\propto n_e^{1/2}$
Initial normalized emittance en_0	$\propto n_e^{1/2}$
Collision frequency f_c	$\propto n_e$
Beam power P_b	$\propto n_e^{1/2}$
Average laser power P_{avg}	$\propto n_e^{-1/2}$
Wall plug power P_{wall}	$\propto n_e^{1/2}$

$$P_{wall} \approx 0.78[\text{MW}]\eta_L^{-1}\left(1-\eta_b\right)^2\eta_b^{-2}\left(k_p r_L\right)^2$$
$$\left(k_p\sigma_{x0}\right)^{-4}\left(E_z/E_0\right)^{-3}\left(\sigma_x\sigma_y/1\left[\text{nm}^2\right]\right) \tag{28}$$
$$\left(E_b/1[\text{TeV}]\right)^3\left(n_e/10^{17}\left[\text{cm}^{-3}\right]\right)^{1/2}$$

整合されたビーム半径 σ_{x0}, バンチ当たりの粒子数 N_b, 一段当たりの平均レーザーパワー P_{ave} はいずれも $\propto 1/\sqrt{n_e}$ とスケールされるため，壁プラグ電力は $P_{wall} \propto \sqrt{n_e}$ となる。壁プラグからビームへの全効率は，

$$\eta_{overall} = 2P_b/P_{wall}$$
$$\approx 1.4\eta_L\eta_b\left(1-\eta_b\right)^{-1}\left(\sigma_{x0}/r_L\right)^2\left(E_z/E_0\right)^2 \tag{29}$$

で与えられる。将来のリニアコライダーでは，運転コストの観点から壁プラグ電力が数100 MW に制限されることを考えると，低いプラズマ密度（$10^{15}\sim10^{16}\left[\text{cm}^{-3}\right]$）は，数TeV リニアコライダーにとって有利働く。表3[27] のように，レーザープラズマ衝突器に関するパラメータの多くは，プラズマ密度に対してスケールされる。

参考文献

1) T. Tajima *et al.*, *Phys. Rev. Lett.*, 43 (1979) 267.
2) T. Tajima, *Laser Part. Beams*, 3 (1985) 351.
3) E. Esarey *et al.*, *Rev Mod Phys*, 81 (2009) 1229.
4) K. Nakajima *et al.*, *Phys. Scr.*, 1994 (1994) 61.
5) K. Nakajima *et al.*, *Phys. Rev. Lett.*, 74 (1995) 4428.
6) A. Modena *et al.*, *Nature*, 377 (1995) 606.
7) H. Dewa *et al.*, *Nucl. Instrum. Methods Phys. Res. Sect. Accel. Spectrometers Detect. Assoc. Equip.*, 410 (1998) 357.
8) S. Mangles *et al.*, *Nature*, 431 (2004) 535.
9) C. Geddes *et al.*, *Nature*, 431 (2004) 538.
10) J. Faure *et al.*, *Nature*, 431 (2004) 541.
11) C. Geddes *et al.*, *Phys. Plasmas 1994-Present*, 12 (2005) 56709.
12) W. Leemans *et al.*, *Nat. Phys.*, 2 (2006) 696.
13) J. Faure *et al.*, *Nature*, 444 (2006) 737.
14) N. H. Matlis *et al.*, *Nat. Phys.*, 2 (2006) 749.
15) N. A. Hafz *et al.*, *Nat. Photonics*, 2 (2008) 571.
16) A. Buck *et al.*, *Nat. Phys.*, 7 (2011) 543.
17) J. Liu *et al.*, *Phys. Rev. Lett.*, 107 (2011) 35001.
18) B. Pollock *et al.*, *Phys. Rev. Lett.*, 107 (2011) 45001.
19) G. Mourou *et al.*, *Nat. Photonics*, 7 (2013) 258.
20) H. T. Kim *et al.*, *Phys. Rev. Lett.*, 111 (2013) 165002.
21) W. Leemans *et al.*, *Phys. Rev. Lett.*, 113 (2014) 245002.
22) H. Lu *et al.*, *Appl. Phys. Lett.*, 99 (2011) 91502.
23) X. Wang *et al.*, *Nat. Commun.*, 4, (2013).
24) I. Kostyukov *et al.*, *Phys. Plasmas 1994-Present*, 11 (2004) 5256.
25) W. Lu *et al.*, *Phys. Rev. Lett.*, 96 (2006) 165002.
26) G. Mourou, Proposal for ERC-2013-SyG - Synergy Grant - Proposal no. 610036 LP3 (2013).
27) K. Nakajima *et al.*, *Phys. Rev. Spec. Top.-Accel. Beams*, 14 (2011) 91301.
28) K. Nakajima *et al.*, *Chin. Opt. Lett.*, 11 (2013) 13501.
29) K. Nakajima, *Eur. Phys. J. Spec. Top.*, 223 (2014) 999.
30) K. Nakajima, *Proc. Jpn. Acad. Ser. B Phys. Biol. Sci.*, 91 (2015) 223.
31) K. Nakajima *et al.*, *High Power Laser Sci. Eng.*, 3 (2015) e10.
32) S. F. Martins *et al.*, *Nat. Phys.*, 6 (2010) 311.
33) S. Y. Kalmykov *et al.*, *Plasma Phys. Control. Fusion*, 53 (2010) 14006.
34) M. Chen *et al.*, *Phys. Plasmas 1994-Present*, 19 (2012) 33101.
35) C. Ren *et al.*, *Phys. Rev. E*, 63 (2001) 26411.
36) P. Volfbeyn *et al.*, *Phys. Plasmas 1994-Present*, 6 (1999) 2269.
37) Y. -F. Xiao *et al.*, *Phys. Plasmas 1994-Present*, 11 (2004) L21.
38) T. Clark *et al.*, *Phys. Rev. Lett.*, 78 (1997) 2373.
39) T. Ditmire, *Astrophys. J. Suppl. Ser.*, 127 (2000) 299.
40) T. W. Johnston *et al.*, *Phys. Fluids 1958-1988*, 16 (1973) 722.
41) T. Tajima, *Proc. Jpn. Acad. Ser. B*, 86 (2010) 147.
42) C. Schroeder *et al.*, *Phys Rev. Spec. Top.-Accel. Beams*, 13 (2010) 101301.

▌レーザー航跡場加速

非光度パラダイムの高エネルギー加速に向けて

翻訳：（国研）理化学研究所　奥野広樹

4 非光度パラダイムの高エネルギー加速に向けて

新興加速手法であるレーザー加速の長所の一つは，従来法では全く到達できない極端に高いエネルギー，つまりPeV（10^{15}電子ボルト）へ到達する能力を有することである。フェルミはPeVと言う高エネルギーまで到達することを最初に夢に描いた[1]。もし，到達エネルギーが非常に高く，標準の衝突加速器型実験（3節で議論したように，光度がもっとも重要な要求である[2]）には実現出来ないような事象を検出できたならば，LWFA（Laser Wake Field Acceleration）は非光度（ルミノシティ）パラダイムにおいて，顕著な貢献をすると期待される。PeV領域の様な高エネルギーに到達する事は，レーザー加速でも容易ではない。しかし，少なくとも理論的には，既存の技術，もしくは，最近見出されたEW-ゼプト秒の「近道」のような期待される技術革新をもってすれば，LWFAでそれが可能となる。（この点については6節のゼプト秒科学の発展を見よ）もし，3節で述べた様に高光度なビーム加速が必要無いならば，レーザー加速にとって，もっとも厳しい条件を棚上げすることができる。もし，観測したい物理が，粒子の衝突に基礎を置いていないならば，衝突加速器の光度要求や，高フルエンスは必ずしも必要無くなる。素粒子物理学の主な実験は衝突加速器に依っているが，ある種の物理は衝突加速器を用いなくても研究できる。例えば，それは，真空の性質の研究，もしくは極端に高エネルギーなγ線光子の真空における伝搬の性質である。超弦理論のような理論[3]は，真空という織物を形づくっているひもの性質により，極端な高エネルギーにおいては，真空が平坦でないことを予言している。この性質により，γ線粒子の速度は光速より遅くなる。このような現象を測定するためには，光度は問題にならないが，光子のエネルギーが極端に高いことと到達時間の測定精度が必要である。天体物理学の分野においてγ線光子の到達時刻の測定で見られる拡がりが，このような効果と関係しているかもしれないと考えている人達もいる[4]。

私たちは，上記の例[5]を4.1節で示し，超弦理論の様な，実世界からは遠く離れた理論的枠組みによって始めて説明できる真空の性質についての研究の潜在的な可能性について議論する。これは，光子のエネルギー（そして，つまり波長）による光速の変化が，このような超弦理論的なスケールに触れ始めることを意味している。また，この問題は7節のLWFAの宇宙線加速への応用に関する議論でも触れる。

もう一つの可能性は，文献6，7）で示唆されている。ある理論においては，極端に高いエネルギーの物理は，ビームエネルギーが増加するにつれて断面積が減少せず，かえって増加する可能性を示している。これは，4.3節で簡単に説明する（文献6）参照のこと）。

非光度パラダイムの高エネルギー加速に向けて

4.1 PeVを目指すレーザー電子加速の概算パラメーター

スケーリング則が予言する所によれば，一段でPeV程度のエネルギーを得る実験を行うためには，現在の実験パラメーターである10^{18} cm^{-3}の密度を3桁下げることが必要である。一方で，このことは，レーザーのパルス幅を数10 fs（フェムト秒）からps（ピコ秒）へ約1桁程度長くすることが可能なことを意味している。このエネルギーを得るために，一段ではなく多段階の（例えば10^2–10^3段階）で加速することを考えると，各段での密度が高く，パルス長さは短くなる。最近のレーザー加速実験のより好まれるレーザー技術は，Tiサファイアレーザーである。なぜなら，このタイプのレーザーは，大きな振動数バンド幅を持ち，より長い，パルス幅の広いレーザーパルスが可能であるからである。（6節では，PeVへの別の道筋について議論する。）

ここでは，私たちは，NIFやLMJ[8]のような世界最大のエネルギーレーザーに基づいて，様々な初期レーザー強度での，PeVエネルギー加速のための典型的な数字例をあげてみよう。レーザー波長を1 μmとし，1次元の枠組みで運用するためにレーザーのスポットサイズを$w_0 \approx \lambda_p$とする。レーザー航跡場による加速段数についても考慮する。第3章の式(1)に従って，要求されるプラズマ密度が計算され，そしてレーザーの規格化したベクトルポテンシャルa_0をはじめとする他のパラメーターも決められる。電子の数はKatsouleasら[9]による公式により与えられる。全エネルギーゲインは，一段のエネルギーゲインに段数をかけて計算できる。もし段数$N_{stage}=1000$とすると1 PeVに到達するには，$n_e=1.8\times10^{17}$が必要である。概算においては，レーザーパラメーターは4.1 MJ，42 PW，そして0.098 ps[5]となる。一段あたりの加速の長さは2 mとなるので，全長加速長は2 kmとなる。ここで全加速長は，必要な調整部，例えば電子ビームの収束光学系や駆動レーザーの部分を除いた各段階の和である。普通の電磁的な電子収束システムは，調整にかなりの長さを必要とする。しかし，プラズマレンズを用いれば，この部分の長さを短くし，実現可能な値に抑えることが可能である。この場合，要求されるレーザーパルスは以下の議論のように既存のレーザー技術に厳しい負担をかけ

てしまう事になるだろう。この状況を改善するために，最初はここで採用した値よりも低い，非一様プラズマ密度プロファイルを導入し，ある程度の運用の余地を持つ様にする。そして，レーザーパルス圧縮により，プラズマとの非線形相互作用[10]によってより適切に合致させることで，ここで考えている密度へ次第に増加させることができると期待される。

4.2 LWFAにより可能となる物理実験とその天体物理データとの比較

Ellisら[4, 11]は，もし光子のエネルギーが十分高く，その波長が量子重力起源の波長の揺らぎのスケールほど短ければ，その揺らぎにより，光子の速度が遅れる可能性を示唆した。これらの揺らぎは，プランク質量の逆数の長さスケール，もしくは，より少し長いスケールを持っている。他の理論[12～15]でも，光子のエネルギーが高くなるにつれて，その速度が変化することを示唆するものがある。もちろん，このような現象が現れるのかどうか，また，これらの理論（そのどれでも）の妥当性を調べることは非常に重要である。それは特殊相対性理論の基本的な検証であり，さらに，恐らく，量子重力の世界を垣間見る序奏となると言える。このような検証は，衝突加速器が要求するような高光度を必ずしも要求しない。したがって，私たちはこの節で，この実験例についてより詳しく考察する。

しかしながら，現時点においても，天体物理的な観測で，上で述べたような物理現象を検証できる可能性がある。これは，もしこのような現象が存在したとしても，光子のエネルギーがあまりに高くて，現在の地上の加速器の届く範囲をはるかに超えているであろう。活動的銀河核[16, 17]と，宇宙で最も明るい天体物理として知られている[18, 19]ガンマ線バースト（GRBs）からの非常に速いフレアにおける高エネルギーγ線放射から多くを学ぶことができる。光速のエネルギー依存性はこのような天体の光子ビームを使って検証可能である。GRBは，2つの型，長いGRBと短いGRBに分類される。長いGRBは超新星／極超新星の崩壊と関係しており，短いGRBは，2つの中性子星（もしくは，他の非常にコンパクトな天体）の合体に関係していると信じられている。GRBのガンマ線には2つの成分がある。一つは30 keVから10 MeVの間

25

■ レーザー航跡場加速

の範囲のバンドで記述され，300 keV位を境とした2つの冪函数で表される。もう一つは余分な遅延成分で，30 keVから30 GeV（そしてそれ以上）に広がっており，切れ目のない一つの冪函数で表される[18, 19]。これら2つの成分は違う起源を持つもの，すなわち，GRBの違う放射領域から発生していると信じられている。

GRBは宇宙で最も明るい天体であり，短い特性時間を持っているため，もっとも深い宇宙を探索する理想的なサーチライトとして働く。したがって原始的なGRBは，ほとんど宇宙全体の長さを渡って地球にやってくる光子の地球に到達する時間を調べることを可能にする。もし，光子速度にエネルギー依存性があったならば，ある特定のGRBからの光子に着目して，大きなエネルギーを持つ光子は，低いエネルギーを持つ光子より遅れて到着することになる。多くのGRB[18, 19]が，実際この傾向を示している。さらに，これらの傾向はお互いに整合的な傾向を示している。つまり，これらの観測の大部分はガンマ線のエネルギーに対して，同じような遅れで到着する事を示している。但し，Fermi天文台[20]で最近された短いGRBが，より高エネルギーγ線ほどがより遅く到着する傾向が少し弱い事を示している事実は例外として挙げられる。

一方で，高エネルギーγ線の到着の遅れは，GRBと地球の間の空間における伝搬の性質ではなくて，GRB自身に起因しており，バーストが起こったときの粒子の高エネルギーへの加速機構の影響である可能性がある。より高いエネルギーの電子は，エネルギーを得る為により長い時間を必要とするので，より高いエネルギーのガンマ線は遅れて現れるとも主張できる。もし，これが本当であれば，上記の観測は単にGRBジェットの中の高エネルギー電子の加速機構の性質を見ている事になる。私たちは，今はどちらがより本当なのかを推測するに留めておこう。

したがって，制御された地上実験で，γ線ビームの形成過程によらず，γ線の速度をエネルギーの関数として決める事は科学的に意味がある。これは，私たちが今検討しているLWFAによって，電子をPeV位のエネルギーを持つまで加速出来れば可能となる。これを実現させる為には以下のような実験シナリオが考えられる。GRBの

もっとも高いエネルギーのγ線は，典型的にはGeVである。一方で宇宙論的距離は10^{28} cmのオーダーである。もし，私たちの真空チューブの長さをkm位とすると，GRBにおける1秒から1/10秒の観測と同程度もしくは上回るには，サブfsの桁の時間差を測定する必要がある。それを成し遂げるには，今までは考えもしなかったような，2つのガンマ線光子（もしくは光子のビーム）の到着時間を超高速で測る必要があり，これには，たくさんの実験的な技術革新が必要である。誰も，PeVγ線の到着検出をこのような時間差スケールで見た人はいない。これは大きな挑戦である。

私たちは，超高エネルギーγ線粒子を検出し，その到着時間等を超高分解能で測定する系統的な実験的研究をまだ始めてはいない。しかしながら，ここでは，利用可能な検出技術のアイデアをここで示してみる。よく知られたシューインガー値に比較してかなり低い電場しきい値で超高エネルギーガンマ粒子が真空破壊を起こすことが可能であることをNarozhnyが40年前[22]に指摘している（より最近では[23]）。これは非線形QED効果である。真空破壊の確率は以下のように与えられる。

$$P(E) \propto \exp\left[-\frac{8}{3}\left(\frac{E_s}{E}\right)\left(\frac{mc^2}{\hbar\omega}\right)\right] \tag{1}$$

ここでE_sはシューシンガー場，$\hbar\omega$はγ線のエネルギー，Eはレーザーなどで真空に印加する電場である。PeVγ線粒子で式(1)の指数因子は，ガンマ線の存在しない場合のシューインガー表式に対してMeVとPeV（$mc^2/\hbar\omega$）の比だけ減少する。これは真空破壊の電場値は10^{16} V/cmから10^{10} V/cmへ減る事を意味している。

γ光子の「ゴールライン」にかなり高い輝度レーザー場（10^{10} W/cm^{2}において）を時間同調させれば，突然の真空の破れが起こり，高エネルギーγ線粒子の到着[24]の直後にe-e+粒子の雪崩がおこる。それは，すなわちPeVγ光子が真空崩壊のトリガを作っていることになるこの真空崩壊の時間スケールはfsよりはるかに短い。このトリガ現象を用いれば，PeVγ線光子の到着の超高速信号を作ることができる。そしてこのトリガ現象は，各パラメータに対して指数関数的な感度を持つものであるので，レーザー場の値を調整する事により，γ線粒子の

エネルギーに依存するトリガー現象やその現象を特徴づけるパラメーターが様々に変わってくる事を楽しむ事ができるであろう。

もちろん将来にわたって，多くのより詳細な実験計画を作り，アイデアを発展させる必要がある。さらに低密度電子の存在によるγ線光子のゴールラインへの到着遅れは，ここで注目している「信号」に対する「ノイズ」となる重要な因子である。一つの時間差に関するノイズもしくは不確定性はγ線粒子が走る真空チューブの中に残ったガス電子から生まれるかもしれない。この時間遅れは，以下の様に評価できる。

プラズマの誘電屈折率 n_{ind} は，

$$n = \left(1 - \frac{\omega_p^2}{\omega^2}\right)^{1/2}, \qquad (2)$$

で与えられる。ここで $n_{ind} = kc/\omega = c/v_{ph}$ が，光の位相速度を与える。群速度は，

$$v_{gr} = c\left(1 - \frac{\omega_p^2}{\omega^2}\right)^{1/2} \qquad (3)$$

で与えられる。c と v_{gr} の差は

$$\frac{c - v_{gr}}{c} \cong \frac{1}{2}\frac{\omega_p^2}{\omega^2} \qquad (4)$$

となる。この量は，高エネルギーγ線粒子については，極端に小さい。もし真空のガス圧が 10^{-6} Pa 程度より小さければ，$(c-v_{gr})/c$ は，PeVγ線に対して，10^{-44} も小さい。一方で極端に高いエネルギー PeV の（$\hbar\omega$）の光子の速度の光速からの予想されるずれは，$\Delta c(\omega)/c \sim 10^{-10}$ である。したがって，真空の織物の効果とそれによるエネルギーに依存する光子の速度を，このような実験で検証し，感じ，検出する可能性も不可能ではない。

PeVγ線光子の到着時間差の fs 精度における精度は，直接的には（間接的にはそうかもしれないが），多段階におけるレーザー航跡場加速の精度には依存してない。これは，私たちが電子のバケツにある電子のみが直接に加速されるからである。電子バンチをたくさんの段階で加速するとき，これらの電子のうち，ある位相にあるものだけが，磁場トリガによってγ線光子に変換される。そ

して，これらのγ線光子が生まれるとともにしるしをつけ，真空中を km にわたって伝搬させる。PeVγ光子のこの節で示唆された検出方法は，「ゴールライン」に入った一光子に対して感度がある。

4.3　議論と結論

現存する大エネルギーレーザー，もしくは，将来的な拡張により実現するレーザーを使ったレーザー加速により PeV エネルギーにまで到達するための科学的な道筋を示した。レーザー航跡場の加速（LWFA）は非常にコンパクトで，従来の手法をはるかに超えた強い加速を実現できる。そして，PeV のようなエネルギーに到達するには，このような新しい方法によってのみ可能であることが明らかになった。私たちは一組の原理を確立し，これらのエネルギーに到達を可能とする主要パラメーターを与えた。National Ignition Facility[8] に現存する（もうすぐ Laser Mega Joule でも間も無く完成する），マルチ MJ レーザーの能力を利用することにより，私たちは（近似的に）1次元の強く非線形な LWFA のレジームを用いて，ビーム品質，加速勾配その他の物理量を最適化した。このような手法と過去の理論的実験的研究スケーリングに基づいて，PeV 加速器を実現することが可能な一組（もしくは複数組）のパラメーターがあることが示す事ができた。

これらのアイデアとパラメーターはこの加速方法の基本原理を示しただけであり，必ずしも工学的な詳細を吟味しているわけではない。したがって，将来，より深い研究を行う必要があり，LWFA を用いてこのような極限的な高エネルギーを実現する事を可能とする現実的な研究が必要である。それにしても簡単な検討の結果が概ね必要性を満足していることは，大変励まされることである。疑いもなく，PeV 加速をこの手法を用いて将来どう実現するかについて多くを学ばなければならない。

光度についての要求があまり厳しいために，私たちにとって，PeV 加速器を衝突器にすることが不可能なことが明らかになったとしても，エネルギーフロンティアの他の応用を探したいと願っている。そのようなものの少なくとも一つはここに示唆した。もし，PeV 電子から PeV 光子（γ線粒子）を作れたら，これらの光子により新規な物理を研究できるはずである。エネルギーが違う

■ レーザー航跡場加速

γ粒子で，これらのγ線粒子のある距離例えばkmでPeV くらいで実現する時間差を測ることができる。量子重力 理論とその他の代替理論によると速度（もしくはローレ ンツ因子）に関するローレンツ変換は，もうすでに保存 量ではなく，ガンマ光子のエネルギーに依存する。それ らのある理論によれば，γ線光子のエネルギーがPeVに まで大きくなれば，このような効果が大きくなって観測 できるようになるとされている。これまでのところ，こ のような可能性と理論を検証する唯一の方法は天体物理 観測によるものである。天体物理学者は原始的ガンマ線 バースト（GRB）をその到達時間をエネルギーに依存す る（振動数）到達時間の違いを調べることに挑戦してい る。GRBは宇宙でもっとも明るい天体なので，最も古く 遠いところで起こったものも検出できる。実際，原始 GRBは宇宙全体の距離をまたぐことを可能にし，時間差 を最大に拡大する事ができる。したがって，驚くべきこ とに，天体物理学者はGRBからのガンマ粒子の到達時間 の差を統計的に有為な量で見つけた様に思われる。これ らは，より大きなエネルギーを持ったガンマ光子がより 遅く到達することを量子重力理論が予言したものと概ね 一致する。しかし，これらの時間の遅れの性質について は問題が残っている。例えば，時間の遅れはGRB源の性 質によっているかもしれない。つまり高いエネルギーを 持ったガンマ粒子は加速されてより高いエネルギーを持 つのに，長い時間がかかる可能性もある。一方で，この 時間差は，膨張する宇宙の距離を伝搬する光子の真空の 性質による可能性もある。さらに，いくつかの観測例に ついての統計的な議論が続いている。それらは天体物理 観測の性質であり，簡単には根絶することができない。 これらについてよく制御された地上実験ができたならば 理想的である。それこそが，私たちのPeV加速で行わな ければならないことである。これは，アインシュタイン の特殊相対性理論の最も厳しい地上検証になるだろう。

γ線粒子の到達時間の超高速検出法について議論が始 まっている。これは，物理の現実的な束縛の外にあるわ けではなさそうだ。まだ，このような荒い原理が与えら れているにすぎないが，一次近似においては原理的な困 難があるわけではなさそうだ。もちろん，このようなア イデアと手法をより詳細を検討する必要がある。さらに，

PeV（もしくは，イオンのような粒子）もしくはPeV近 くにある電子の他の利用法を想像することができる。こ の方向に将来研究を進めて行くことになろう。最後に， このPeV LWFAのイオン加速については，最初のGeVブ ースター／注入器を除いては，この線形加速器は電子加 速とそれほど違わない。むしろベータトロン放射がない などのメリットなどの潜在的な有利さがあるかもしれな い。もし，PeVハドロンセクター物理の実験に興味があ るならば，この方向性を探るのは興味深い。

これに加えて，Caldwellらは，ビームエネルギーが増 えるにつれて断面積が増加するQCDグルーオン優占物 理過程を探求できることを示唆している[6]。この可能性 は，衝突器アプローチに依存しているが，エネルギーの 増加につれて急速に増える断面積を利用する。

参考文献

1) "List of accelerators in particle physics", *Wikipedia*, 21-Nov-2016.
2) Cheshkov S., Tajima T., Horton W. and Yokoya K., "Particle dynamics in multistage wakefield collider", *Phys. Rev. ST Accel. Beams*, **3** (2000) 71301.
3) Green M. B. and Seiberg N., "Contact interactions in superstring theory", *Nucl. Phys.B*, **299** (1988) 559.
4) Ellis J., Mavromatos N. and Nanopoulos D., "Derivation of a vacuum refractive index in a stringy space-time foam model", *Phys. Lett. B*, **665** (2008) 412.
5) Tajima T., Kando M. and Teshima M., "Feeling the Texture of Vacuum Laser Acceleration toward PeV", *Prog. Theor. Phys.*, **125** (2011) 617.
6) Caldwell A., "Collider physics at high energies and low luminosities", *Eur. Phys. J. ST*, **223** (2014) 1139.
7) Caldwell A. and Wing M., "VHEeP: A very high energy electron-proton collider", 2016.
8) Miller G. H., Moses E. I. and Wuest C. R., "The national ignition facility", *Opt. Eng.*, **43** (2004).
9) Katsouleas S. W. T. and Su J. D. J., "Beam loading efficiency in plasma accelerators", *Part. Accel.*, **22** (1987) 81.
10) Faure J. *et al.*, "Observation of laser-pulse shortening in nonlinear plasma waves", *Phys.Rev. Lett.*, **95** (2005) 205003.
11) Amelino-Camelia G., Ellis J., Mavromatos N., Nanopoulos D. V. and Sarkar S., "Tests of quantum gravity from observations of γ-ray bursts", *Nature*, **393** (1998)763.
12) Coleman S. and Glashow S. L., "Cosmic ray and neutrino tests of special relativity", *Phys. Lett. B*, **405** (1997) 249.
13) Coleman S. and Glashow S. L., "High-energy tests of Lorentz invariance", *Phys. Rev. D*, **59** (1999) 116008.
14) Sato H. and Tati T., "Hot universe, cosmic rays of ultrahigh energy and absolute reference system", *Prog. Theor. Phys.*, **47** (1972) 1788. LASER ACCELERATION **127**.
15) Sato H., "Extremely High Energy and Violation of Lorentz

Invariance", ArXiv astro-Ph0005218, May 2000.

16) Albert J. et al., "Probing quantum gravity using photons from a flare of the active galactic nucleus Markarian 501 observed by the {MAGIC} telescope", *Phys. Lett. B*, **668** (2008) 253.

17) Aharonian F. et al., "Limits on an energy dependence of the speed of light from a flare of the active galaxy PKS 2155-304", *Phys. Rev. Lett.*, **101** (2008) 170402.

18) Gonz´alez M., Dingus B., Kaneko Y., Preece R., Dermer C. and Briggs M., "A γ-ray burst with a high-energy spectral component inconsistent with the synchrotron shock model", *Nature*, **424** (2003) 749.

19) Abdo A. et al., "Fermi observations of GRB 090902B: a distinct spectral component in the prompt and delayed emission", *Astrophys.*

J. Lett., **706** (2009) L138.

20) Abdo A. et al., "A limit on the variation of the speed of light arising from quantum gravity effects", *Nature*, **462** (2009) 331.

21) Takahashi Y., Hillman L. and Tajima T., "Relativistic Lasers ans High Energy Astrophysics: Gamma Ry Bursts and Highest Energy Acceleration", in *High Field Science* (Kluwer, NY) 2000, p. 171.

22) Narozhny N., *Sov Phys-JETP*, **27** (1968) 360.

23) Baier V. and Katkov V., "Pair creation by a photon in an electric field", *Phys. Lett.A*, **374** (2010) 2201.

24) Kando M. et al., "Demonstration of Laser-Frequency Upshift by Electron-Density Modulations in a Plasma Wakefield", *Phys. Rev. Lett.*, **99** (2007) 135001.

■ レーザー航跡場加速

イオン加速

翻訳：（国研）理化学研究所　今尾浩士

5 イオン加速

　序論（第1章）において，電子加速との対比からレーザー駆動イオン加速に必要な条件について既に触れている。本質的な問題は，電子質量で規格化されたレーザー場ベクトルポテンシャル a_0 よりずっと小さなレーザー場の規格化ベクトルポテンシャル $a_{0i}=(m_e/M_i)a_0$ を持った，重いイオンを捕獲するという点である。この場合，与えられたレーザー場においてその捕獲は電子の場合よりずっと困難である。それ故，我々は加速波の位相速度を低速から徐々に高速へと変化させながら，断熱的にイオンを捕獲するという課題と向き合わなければならない。提案されたひとつの手法は，イオンが加速によりその速度を増していくのに合わせて，加速可能な形状の波（またはパルス）の位相速度を距離の関数として制御する事であった。これは例えば，加速構造としてアルヴェーン波[9]を使う事で実現し得る。つまり，プラズマ密度を高密度から低密度へ，もしくは磁場を低磁場から高磁場へ，徐々に（断熱的に）変化させる事で，アルヴェーン位相速度を断熱的に増加させる事が出来て，結果として断熱的イオン加速を達成できる可能性がある。

5.1　CAIL領域とTNSA領域

　我々はレーザーパルスによるポンデロモーティブ駆動によって生成される静電シースとそのダイナミクスを，自己無矛盾的な取扱いで考える。十分に薄い薄膜でのダイナミクスも盛り込んだレーザー駆動薄膜相互作用でのイオン最高エネルギーを評価するためのものである。

　薄膜が厚さ $\xi \gg 1$ であれば，薄膜は動かず，TNSA（Target Normal Sheath Acceleration，標的垂直シース加速，第1章参照）領域である（薄膜が厚く，レーザーパルスが完全に反射されるとき，イオン加速は厚い標的でのプラズマ膨張モデルで記述されるであろう[13]）。一方，$\xi \ll 1$ においては，透過が主となり，レーザーは標的との相互作用をあまりせずに通過していく。しかしながら，$\xi \gg 1$ の領域であっても TNSA を適用する厚さよりは薄いような領域に注意を払うべきである。イオン加速に最適な条件は，これまで議論したように $\xi \sim 1$（$0.1 < \xi < 10$）の領域にある。

　図1に実験的な比較を与える。レーザーパルスは部分的に透過した時，標的の後ろでエネルギーを持った電子がレーザー場の中心において集団的な運動を起こす。電子はレーザー場によって揺り動かされ，ポンデロモーティブ力により前方に押される。薄い標的の爆発の前方の領域には，違う特性線を持った3つの成分が存在する。最初の成分は前方への軌道（角度0°），2番目の成分は後ろへの軌道（角度 −180° もしくは180°）そして，3番目は，曲がった軌道を持つ[12]。最初の二つは単純なシース構造においても観測される特徴である。ただし，前方の方が後方よりも多い。3番目のものは，レーザー場やポンデロモーディブポテンシャルに捕獲された粒子の軌

道である．反射する電子雲においては，前方と後方への2つの成分があるだけである．

極薄標的では，レーザーの電磁場は概ね電子のコヒーレントな運動を維持する．標的のレーザー場に加えてレーザー場が部分的に透過するので，レーザー場の中での電子の運動は損なわれず，横方向の場で特徴づけられる．電子のエネルギーは2つの成分からなっている．すなわち，レーザー中での（集団的な）電子の運動エネルギーと部分的に透過したポンデロモーティブポテンシャルによるものである．後者は電子の前方への運動量を維持する．MakoとTajimaの解析[2]に従うと，プラズマ密度は以下のように決められる．

$$n_e = 2\int_0^{V_{max}} g(V_x)dV_x \quad (1)$$

$$V_{max} = c\sqrt{1 - m_e^2 c^4/(E_0 + m_e c^2)^2} \quad (2)$$

ここでgは電子分布関数，E_0は理論的な分布の中での電子の最大エネルギーである．これ以降では，これを特性電子エネルギーと呼ぶ．

電子の前方への電流密度Jと電子の密度は以下のように関係付けられる．

$$J(v) = -e\int_v^{V_{max}} V_x g \, dV_x \quad (3)$$

$$n_e = \frac{2}{e}\int_0^{V_{max}} \frac{dJ/dv}{v}dv \quad (4)$$

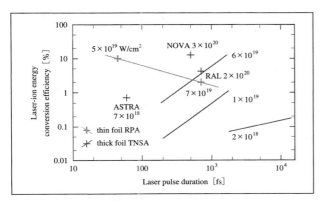

図1　厚い標的（TNSA機構，黒いダイヤと線）のレーザーエネルギーからイオンエネルギーへの変換効率を極薄標的（CAIL灰色ダイヤと線）と比較している．TNSA機構については，J. Fuchs[6]の流体モデルからのなめらかな曲線がいくつかの実験ASTRA[23]，NOVA[3]，RAL[24]，と共に書かれている（文献11より）．

反射電子雲のある与えられた位置でのポテンシャルエネルギーをϕとして，粒子の全エネルギー（静止質量エネルギーを無視）は以下のように与えられる．

$$E = (\gamma - 1)m_e c^2 - e\phi \quad (5)$$

電流密度は1次元シミュレーションの結果から決められる．

TNSAとRPA（Radiation Pressure Acceleration）[7]（およびその派生[18～21]）の間には，イオン加速がTNSAより電子運動とコヒーレントであるが，RPAのように完全に同期しているわけではない領域が存在している．この領域においては，TNSA（したがって指数関数的なスペクトルを持つ）の場合と同様に，荷電粒子であるイオンは，熱的な効果よりも多くのエネルギーを獲得する傾向がみられ，より大きなエネルギーに，より大きな重みを相対的に持つエネルギースペクトルになる．冪関数スペクトルはその一つの例である．一方で，この領域では相対論的RPAとは違って，ポンデロモーティブ力とその後ろの励起された静電バケツは，イオン捕獲が出来るほどには強くない．RPAのポンデロモーティブ駆動においてはレーザーパルスとそれに続くイオンを安定に捕獲出来る静電バケツの列構造が，安定して形成される．この構造はLWFA（Laser Wakefield Acceleration）の波の列[1]とそれほど違っているわけではない．LWFAでは加速粒子は電子であり，レーザー振幅が相対論的（つまり$a_0 = eE_l/m\omega_0 c \sim O(1)$で，およそ$10^{18}$ W/cm^2）であれば電子の運動は十分に相対論的であり，光速の位相速度での電子の閉じ込めが可能となり，コヒーレントな電子加速過程により，ピークを持ったエネルギースペクトラムが形成され得る．RPAの波構造におけるイオン加速においてはその速度がほぼ光速であるので，静電バケツにイオンを捕獲すれば，イオンが相対論的になる（つまり$a_0 \sim O(M/m)$もしくは$\sim 10^{23}$ W/cm^{2}になる）．一方で加速構造の位相速度は断熱的（段階的）に低速から光速近くへと増加されなければならない．小さな違いは，LWFAがプラズマの固有モードを励起していることである．静電的な電荷分離の航跡としてのプラズマ振動が，レーザパルスの後ろにできる．一方でイオン加速のための静電バケツはプラズマの固有モードを励起しているわけではな

▌ レーザー航跡場加速

い。したがって，RPAの構造は[22]で議論したような，より直接的なポンデロモーティブ加速による。RPAのスペクトルは，参考文献[7]のような電子計算において示されているように，エネルギースペクトルにバケツに捕獲されたいくつかの孤立した複数のピークが見られる。ここでLWFAにおいての実験の歴史を思い出そう。LWFAバケツの三次元構造による電子の自己入射というものが十分に短パルス（且つ高強度）のレーザーによって実現されるまで[15~17]，エネルギースペクトラムは孤立したピークを持たなかった。

この節では，冪関数エネルギースペクトルを持ったTNSAとRPAの間の領域に焦点を絞る。この意味で冪関数スペクトルは，このTNSAとRPA間の領域における象徴である。電子の電流のエネルギーに対するべき乗依存性を取り上げるのは教育的である。電子電流の冪乗依存性は，2つのパラメータによって特徴づけられる。すなわち，特性電子エネルギーとエネルギー冪関数の指数である。

$$J(E) = -J_0 \left(1 - E/E_0\right)^\alpha \tag{6}$$

コヒーレンス指数αは電子のエネルギー依存性の勾配を示す指数であり，電子の運動のコヒーレンスの指標である。言い換えると，αが大きいほど，より多くの電子がコヒーレント運動をし，全体の電子電流に寄与していることになる。それ故，我々はαを電子のコヒーレンスパラメータと呼んでしまって良いかもしれない。普通エネルギーを持った電子の大部分はシステムから失われ，イオン加速への寄与はわずかである。最大静電ポテンシャルはレーザーのポンデロモーティブ力より小さく，電子の特性エネルギーよりも少ない。レーザー強度が高い時，相対論的な電子が主となり，その積分は相対論的運動学によって次の様に実行される。

$$n_e = \frac{2}{e} \int_0^{v_{max}} \frac{dJ(v)/dv}{v} dv = \frac{2}{ec} \int_{-e\phi}^{E_0} \frac{dJ(E)}{dE} dE \tag{7}$$
$$= -\frac{2J_0}{ec} \left(1 + e\phi/E_0\right)^\alpha = n_0 \left(1 + e\phi/E_0\right)^\alpha,$$

ここで，n_0は，初期のプラズマ密度であり，$J_0 = en_0 c/2$である。

5.2 イオン運動の自己相似発展

系の発展を記述するには電子，イオン，相互作用静電ポテンシャルを時間毎に自己無矛盾に追う必要がある。これらは，高次の非線形な式を含んでいる。我々は，電子を5.1節で議論したように取り扱う。一方，イオンはこの節の非相対論的な非線形方程式で記述する。

非相対論的流体の式は，以下のように静電場の中のイオンの反応を記述するために用いられる。

$$\frac{\partial n_i}{\partial t} + \frac{\partial}{\partial x}\left(v_i n_i\right) = 0 \tag{8}$$

$$\frac{\partial v_i}{\partial t} + v_i \frac{\partial v_i}{\partial x} = -\frac{Qe}{M} \frac{\partial \phi}{\partial x} \tag{9}$$

ここで，レーザーのポンデロモーティブ力は無視した。

この方程式を自己無矛盾に解くために，自己相似パラメータを持った流体方程式と電子分布を使って自己相似条件が引き出される。

$$\zeta = x/\left(v_0 t\right) \tag{10}$$

$$v_0 = \left(Qe\phi_0/M\right)^{1/2} \tag{11}$$

$$e\phi_0 = E_0 \tag{12}$$

ここでE_0は特性電子エネルギーである。我々は次の無次元量を導入する。

$$U = v_i/v_0, \, \mathfrak{R} = n_i/n_0, \, \psi = \phi/\phi_0 \tag{13}$$

式(8)と(9)は次のような形になる。

$$\mathfrak{R}'\left(U - \zeta\right) + \mathfrak{R}U' = 0 \tag{14}$$

$$U'\left(U - \zeta\right) + \frac{d\psi}{d\mathfrak{R}}\mathfrak{R}' = 0 \tag{15}$$

$$\mathfrak{R} = \left(1 + \psi\right)^\alpha \tag{16}$$

式(16)を導くにあたっては，準中立条件を課した。

エネルギーの保存は標的の表面の境界条件として課される。

$$U^2/2 + \psi = 0 \quad at \quad \zeta = 0. \tag{17}$$

式(14)–(16)の解は以下の様になる。

$$\Re = \left\{ \frac{\alpha}{(2\alpha+1)^2} \left(\zeta - \sqrt{2(2\alpha+1)}\right)^2 \right\}^\alpha \tag{18}$$

$$U = \frac{2\alpha+2}{2\alpha+1}\zeta - \sqrt{\frac{2}{2\alpha+1}} \tag{19}$$

$$\psi = \frac{\alpha}{(2\alpha+1)^2}\left(\zeta - \sqrt{2\alpha+1}\right)^2 - 1 \tag{20}$$

式(18)–(20)は通常の単位で以下のように書かれる。

$$n_i = n_0 \left\{ \frac{\alpha}{(2\alpha+1)^2}\left(\zeta - \sqrt{2(2\alpha+1)}\right)^2 \right\}^\alpha \tag{21}$$

$$v_i = \left(\frac{QE_0}{M}\right)^{1/2}\left(\frac{2\alpha+2}{2\alpha+1}\zeta - \sqrt{\frac{2}{2\alpha+1}}\right) \tag{22}$$

$$\phi = \phi_0 \frac{\alpha}{(2\alpha+1)^2}\left(\zeta - \sqrt{2\alpha+1}\right)^2 - \phi_0 \tag{23}$$

最大エネルギーは，イオン密度がゼロになるところで与えられる。これは式(18)–(19)を使って，以下のように表される。

$$\varepsilon_{\max,i} = (2\alpha+1)QE_0 \tag{24}$$

式(24)において，イオンエネルギーは電子のコヒーレンスパラメーターが大きいほど大きいことがわかる。ここでE_0は$E_0 = mc^2\left(\sqrt{1+a_0^2}-1\right)$[11]の形をとる。

時間依存するイオンの最大運動エネルギーのより一般的な表現は式(22)から，

$$\varepsilon_{\max,i}(t) = (2\alpha+1)QE_0\left((1+\omega t)^{1/2\alpha+1}-1\right),(t\leq 2\tau) \tag{25}$$

となる。ここでτは，レーザーパルスの継続時間で，ωはレーザーの角周波数である。最初イオンエネルギーは$\varepsilon_{\max,i}(0)=0$で，$t \to \infty$となるに従って無限大になっていく。普通CPA（Chirped Pulse Amplification）レーザーの最大パルス幅は，ピコ秒より短いので最終的なイオンエネルギーは(25)より，$\varepsilon_{\max,i}(t=1\text{ ps})=2(2\alpha+1)QE_0$となる。

上記のCAIL（Coherent Acceleration of Ions by Laser）の理論は実験を説明するために開発された[10]。この理論に従ったコンピューターシミュレーションもなされている[11,12]。これらの3つはお互いによく一致している。

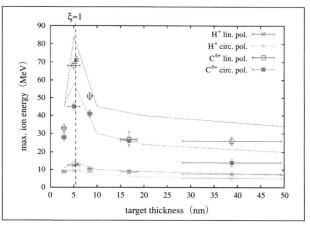

図2 CAIL実験[10]の領域における標的の厚さの関数として最大カットオフエネルギーをプロットしている。ここで議論したCAIL理論曲線からのものである[11,12]。観測された値と理論（CAIL）は，広いパラメータ範囲に渡ってよく一致している[11]。

図2を見よ。直線偏光（LP）レーザー放射過程は，CAILの最大エネルギーなどをよく記述する。一方，偏光を円偏光（circular polarization CP）に切り替えると加速されたイオンのエネルギースペクトルは，準単色的な性質を持つようになる[10]。後者の傾向は，CPの電子を加速する能力と，そしてイオンをより断熱的に加速する能力として説明されている。この考えは潜在的にはレーザー駆動イオン加速を改善するための非常に重要な道筋といえる。韓国のグループによる，より最近の実験においても同様の傾向が示されている。彼らは文献10よりももっとずっと高いレーザー（6×10^{20} W/cm^2）までを用い，ずっと高いエネルギーまで加速されたイオンを得ている。より重要なことは，彼らのカットオフエネルギーはCAILによるものとよく一致していることである。またもう一つ重要なことは彼らの結果[25]は，CP放射がより断熱的に加速されている特徴的な証拠を示していることである。つまり，LPパルスの場合には現れない少し分離したより高い成分を伴っている。この傾向はまだ予備的なものではあるが，文献10での先行的発見と整合的である。

5.3 一周期イオン加速

2.1節で導入したように，最新のレーザー圧縮における革新は，イオン加速の新しい領域へのアクセスを可能

レーザー航跡場加速

とした。薄膜圧縮法において，一周期（もしくは，ほぼそれに近い）レーザーパルスを得る事が出来るようになった。この方法は，より長いパルス駆動のRPAに対して2つの長所をもたらした。

(1) （薄膜圧縮法の高効率性のために）与えられたエネルギーに対してパルス幅が短くなったのでパルス強度が増加した。
(2) 相互に打ち消し合う振動がなくなったために，効率，コヒーレンス，そしてポンデロモーティブ駆動の安定性が増加した。

このため，一周期レーザーパルスによるイオン加速が，複数の振動の長いパルスによる加速と比べ，より頑健で，安定，高強度であることが分かる。我々はこの領域を一周期レーザー加速（SCLA）[14]と呼ぶ。

一周期レーザーパルスの極限では，ポンデロモーティブ加速の項<vxB>がもはや時間平均をする必要がなく，電子加速がより直接的で，コヒーレントになる。多周期レーザーパルスでは，ポンデロモーティブ力による電子加速はサイクル数で平均化される必要がある。一周期の状況ではよりコヒーレントな電子加速が行われ，電子層はより鋭くなる。この一周期レーザー加速（SCLA）領域はより薄い最適標的を許し，加速電子層形成に引き続いて，よりコヒーレントなイオン層の形成を導く。私たちの領域では上に述べた他の知られた領域よりもずっと少ないレーザーエネルギーで良く，10^{23} W/cm^{2}の強度の一周期ガウシアンパルスが50 nmの平板CH薄膜に照射された時，そのレーザーパルスによるポンデロモーティブ力は分離された相対論的電子バンチを前方に押し出し，結果として生じる縦方向の静電場が陽子を加速する。我々のメカニズムは，典型的な従来型の条件で生じたような横方向不安定性の影響を受けることなく，コヒーレントに，安定に，有意な距離でイオンを加速する。このユニークな安定加速構造はエネルギー単色度の高い，超単（～fs）のGeV陽子バンチを維持する事が可能である。

図3は，全レーザーエネルギーを一定に保ち，規格化レーザーポテンシャルを$a_0=50$, 100, 200として，対応するパルス幅を$\tau=16T$, $4T$, $1T$（黒・破線・灰色曲線）とした時の結果を表している。ここでTはレーザーの振動振期である。それぞれの曲線において，それぞれのレーザーベクトルポテンシャルとパルス幅に対して，薄膜厚さを変えて，陽子のカットオフエネルギーを計算した。ここで，規格化された電子面密度$\sigma=n_e l/n_c \lambda$を標的の参照パラメータとして使用した。

3つの曲線から3つの違うパルス幅に対してイオンの加速効率は鋭く変化することがわかる。より短いパルス幅（より大きなベクトルポテンシャル）は，より高い陽子カットオフエネルギーを与える。例えば陽子エネルギーはパルス幅を$\tau=16T$（黒曲線）から$\tau=4T$（破線）に短くすることによって増加している。特に一周期パルス（灰色曲線）において，イオンのカットオフエネルギーは大きく増加している。図3をみてわかるもう一つの重要で新しい点は，シグナルサイクルパルス条件におい

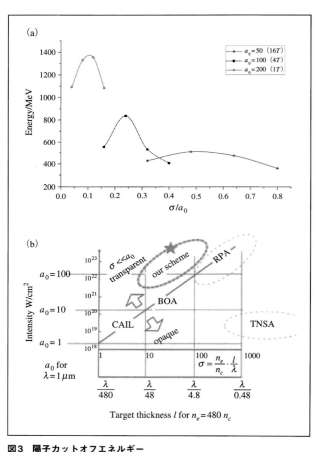

図3 陽子カットオフエネルギー
(a) σ/a_0を換えた陽子エネルギーの結果，黒い線は，$a_0=50$で幅16Tのとき，破線と灰色線は$a_0=100$（$\tau=4T$），そして$a_0=200$（$\tau=1T$）の結果を表している。(b) 一周期領域を加速地図の中に示した[14]。

イオン加速

ては，最適な規格化電子面密度と規格化レーザーベクトルポテンシャルの比σ/a_0がおよそ0.1であるという点であり，これは従来型のRPA加速の最適値よりずっと小さい。RPA加速では $(\sigma_{opt} \sim a_0)$[26] または $(\sigma_{opt} \sim 0.4\,a_0 + 3)$[8] である。

　理想的なRPA光帆走領域では，得られる最大イオンエネルギーは加速標的の全質量に逆比例する。簡単な描像においては，それを減らすこと，つまり全質量を減らす事によって，最終的な最大エネルギーは高くなる。しかしながら，横方向の不安定性等の別の物理過程が実際の加速過程に強く影響を与え，特に現在の最先端の多周期超高強度レーザーパルスにおいて，最適な加速をを実現できない。より短いパルス幅，特に一周期パルスでは，不安定性がおこるには幅が短すぎる。このため，より理想的な場合に近づける。したがって，従来のRPAに対して，この領域での最適標的厚さはより小さくなる。

　SCLA領域を他のレーザー駆動加速領域と比較するため，図3(b)に簡略化したレーザーイオン加速マップを与えてある。出典は文献14，26である。上で述べた加速領域がレーザー輝度I_0（振幅a_0），標的厚さl（面密度σ）平面上に示されている。図3(b)の灰色破線の楕円は，SCLA領域を表している。特にその領域はより透過性の領域（$\sigma \ll a_0$），つまり既に指摘したように一周期加速においてはσ_{opt}より小さい領域に位置している。

　図3でイオンのレーザー加速の色々な歴史的試みを眺めることができる。最初の実験的に実現したレーザーイオン加速はTNSA[3〜5]だった。第1章とここ5.1節で書いたように，この機構では，標的は厚く電子は厚い標的を通り抜けており，イオンは断熱的な捕獲や加速はされない。むしろイオンはシースに覆われた固定標的の表面で加速される。断熱性を高め，イオンの加速時間を増やす為には，標的の質量を減らすことが一つの道筋であった。それはCAIL[12]やBOA（Breakout Afterburner）[27]のようにσを減らすことに相当する。これは，図3(b)にみるようにTNSAの領域と大きく異なっている。放射圧加速[7]はTNSAに対しa_0を増加させ，σを多少下げるものである。SCLAはレーザーのパルス長さの減少のおかげで，やはりσを下げ，a_0を増やすことを可能としたものである。このようにSCLA（そしてRPA）におけるイオン加

速のコヒーレンスはa_0を増やし，σをTNSAよりずっと減らすことにより高められている。

参考文献

1) T. Tajima and J. Dawson, "Laser electron accelerator," *Phys. Rev. Lett.*, vol. 43, no. 4, p. 267, 1979.

2) F. Mako and T. Tajima, "Collective ion acceleration by a reflexing electron beam: Model and scaling," *Phys. Fluids*, vol. 27, no. 7, p. 1815, 1984.

3) R. Snavely *et al.*, "Intense high-energy proton beams from petawatt-laser irradiation of solids," *Phys. Rev. Lett.*, vol. 85, no. 14, p. 2945, 2000.

4) E. Clark *et al.*, "Energetic heavy-ion and proton generation from ultraintense laser-plasma interactions with solids," *Phys. Rev. Lett.*, vol. 85, no. 8, p. 1654, 2000.

5) A. Maksimchuk, S. Gu, K. Flippo, D. Umstadter, and V. Y. Bychenkov, "Forward ion acceleration in thin films driven by a high-intensity laser," *Phys. Rev. Lett.*, vol. 84, no. 18, p. 4108, 2000.

6) J. Fuchs *et al.*, "Laser-driven proton scaling laws and new paths towards energy increase," *Nat. Phys.*, vol. 2, no. 1, pp. 48-54, 2006.

7) T. Esirkepov, M. Borghesi, S. Bulanov, G. Mourou, and T. Tajima, "Highly efficient relativistic-ion generation in the laser-piston regime," *Phys. Rev. Lett.*, vol. 92, no. 17, p. 175003, 2004.

8) T. Esirkepov, M. Yamagiwa, and T. Tajima, "Laser ion-acceleration scaling laws seen in multiparametric particle-in-cell simulations," *Phys. Rev. Lett.*, vol. 96, no. 10, p. 105001, 2006.

9) B. Rau and T. Tajima, "Strongly nonlinear magnetosonic waves and ion acceleration," *Phys. Plasmas 1994-Present*, vol. 5, no. 10, pp. 3575-3580, 1998.

10) A. Henig *et al.*, "Radiation-pressure acceleration of ion beams driven by circularly polarized laser pulses," *Phys. Rev. Lett.*, vol. 103, no. 24, p. 245003, 2009.

11) T. Tajima, D. Habs, and X. Yan, "Laser acceleration of ions for radiation therapy," *Rev. Accel. Sci. Technol.*, vol. 2, no. 1, pp. 201-228, 2009.

12) X. Yan, T. Tajima, M. Hegelich, L. Yin, and D. Habs, "Theory of laser ion acceleration from a foil target of nanometer thickness," *Appl. Phys. B*, vol. 98, no. 4, pp. 711-721, 2010.

13) M. Passoni, V. Tikhonchuk, M. Lontano, and V. Y. Bychenkov, "Charge separation effects in solid targets and ion acceleration with a two-temperature electron distribution," *Phys. Rev. E*, vol. 69, no. 2, p. 26411, 2004.

14) M. Zhou *et al.*, "Proton acceleration by single-cycle laser pulses offers a novel monoenergetic and stable operating regime," *Phys. Plasmas 1994-Present*, vol. 23, no. 4, p. 43112, 2016.

15) S. Mangles *et al.*, "Monoenergetic beams of relativistic electrons from intense laser-plasma interactions," *Nature*, vol. 431, no. 7008, pp. 535-538, 2004.

16) C. Geddes *et al.*, "High-quality electron beams from a laser wakefield accelerator using plasma-channel guiding," *Nature*, vol. 431, no. 7008, pp. 538-541, 2004.

17) J. Faure *et al.*, "A laser-plasma accelerator producing monoenergetic electron beams," *Nature*, vol. 431, no. 7008, pp. 541-544, 2004.

▌ レーザー航跡場加速

18) A. Macchi, F. Cattani, T. V. Liseykina, and F. Cornolti, "Laser acceleration of ion bunches at the front surface of overdense plasmas," *Phys. Rev. Lett.*, vol. 94, no. 16, p. 165003, 2005.

19) A. Robinson, M. Zepf, S. Kar, R. Evans, and C. Bellei, "Radiation pressure acceleration of thin foils with circularly polarized laser pulses," *New J. Phys.*, vol. 10, no. 1, p. 13021, 2008.

20) B. M. Hegelich *et al.*, "Laser acceleration of quasi-monoenergetic MeV ion beams," *Nature*, vol. 439, no. 7075, pp. 441-444, 2006.

21) H. Schwoerer *et al.*, "Laser-plasma acceleration of quasi-monoenergetic protons from microstructured targets," *Nature*, vol. 439, no. 7075, pp. 445-448, 2006.

22) C. Lau, P.-C. Yeh, O. Luk, J. McClenaghan, T. Ebisuzaki, and T. Tajima, "Ponderomotive acceleration by relativistic waves," *Phys. Rev. Spec. Top.-Accel. Beams*, vol. 18, no. 2, p. 24401, 2015.

23) I. Spencer *et al.*, "Experimental study of proton emission from 60-fs, 200-mJ high-repetition-rate tabletop-laser pulses interacting with solid targets," *Phys. Rev. E*, vol. 67, no. 4, p. 46402, 2003.

24) P. McKenna *et al.*, "Characterization of proton and heavier ion acceleration in ultrahigh-intensity laser interactions with heated target foils," *Phys. Rev. E*, vol. 70, no. 3, p. 36405, 2004.

25) I. J. Kim *et al.*, "Radiation Pressure Acceleration of Protons with Femtosecond Petawatt Laser Pulses," in *The International Committee on Ultrahigh Intensity Lasers (ICUIL)*, Goa, India, 2014.

26) A. Macchi, M. Borghesi, and M. Passoni, "Ion acceleration by superintense laser-plasma interaction," *Rev. Mod. Phys.*, vol. 85, no. 2, p. 751, 2013.

27) L. Yin, B. Albright, K. Bowers, D. Jung, J. Fernández, and B. Hegelich, "Three-dimensional dynamics of breakout afterburner ion acceleration using high-contrast short-pulse laser and nanoscale targets," *Phys. Rev. Lett.*, vol. 107, no. 4, p. 45003, 2011.

ゼプト秒サイエンス

6 ゼプト秒サイエンス

　レーザー航跡場加速（LWFA）を目的とする高強度レーザーの要求は，レーザーエネルギーEを増加させずに，レーザーパルスを何桁も圧縮するチャープパルス圧縮（CPA）のようなレーザー技術の実現をもたらした[1]。

$$I = E/(\tau A), \qquad (1)$$

ここで，Iは強度，Eはレーザーエネルギー，τはレーザーパルス時間幅，Aは焦点の面積である（λをレーザー波長として，回折限界で定まるAの下限は$\pi\lambda^2$である）。

　これは単に計量的・幾何学的な関係であり，媒質の非線形応答[2]を表すために発見された第4章の式(2)とは違う。これら2つの発明LWFAとCPAから，新しい科学分野High field scienceがもたらされることになった[3,4]。この革命により，最初はeVレベルの光子，すなわち原子物理の道具であったレーザーは，相対論的な物理学と高エネルギー物理の道具に発展した[1]。この章では，レーザー科学のそのような進化のいくつかの側面を調査する。

6.1 パルス時間幅 −ゼプト秒に向けた強度予測

　パルス時間幅をさらに短くしたい場合は，さらに相対論的な領域である10^{18} W/cm^{2}以上（波長1 μmの場合）の高い強度や非線形束縛電子の領域を超えた領域に対する議論が必要である。この強度は，現在ではチャープパルス増幅（CPA）[5]および光パラメトリックチャープパルス増幅（OPCPA[6]）システムを用いて一般に到達可能である。

　相対論的な領域では，レーザー電磁場で振動する電子はローレンツ因子γ[†1]に比例する因子によって振動中に"質量"を変化させ，正規化されたベクトルポテンシャルa_0にも比例する。レーザーパルスがターゲット表面でこの強度を達成することができるならば，巨大なポンデロモーティブレーザー圧力は電子の臨界面を相対論的速度で振動させる。その結果，この振動ミラーに入射した光は周期的に変調され，高調波が発生する[7,8]。相対論的高調波発生は，プラズマ周波数[7,9]によって規定されるカットオフなしに，より広い高調波スペクトルと，より高い効率が期待される。これは，Vulcanレーザー[†2]の長いパルス時間幅（300 fs）を使用し，次数3200の高調波を観測することで実験的に検証されている[10,11]。

　関連した手法が，λ^2のエリアに集光した数サイクルのパルスについて示されている。（λ^3レジームと呼ばれる[10,11]）相対論的ミラーは，集束ガウスビームの効果により平面ではなく歪んだ形状を取る。PIC（Particle In Cell）シミュレーションによれば，それが動くにつれて，パルスを圧縮すると同時に特定の方向にパルスを送出する。つまりこの技法は，パルスを圧縮するだけでなく，個々のアト秒パルスを分離するエレガントな可能性を提

---

†1 $\gamma = (1-v^2/c^2)^{-1/2}$

†2 訳注：https://www.clf.stfc.ac.uk/Pages/Vulcan.aspx

レーザー航跡場加速

供する。予測されるパルス時間幅は、$T=600$（アト秒）$/a_0$ のようにスケールする。ここで a_0 はやはり正規化されたベクトルポテンシャルである。これは 10^{18} W/cm^2 において約1であり、強度の平方根にスケールされる。10^{22} W/cm^2 オーダーの強度の場合、圧縮されたパルスはほんの数アト秒の桁になる可能性がある。同じ著者らは、アト秒パルス幅の場合に、γ が数十のオーダーになるような薄いシート状電子の生成を数値計算で示している[12]（前提である相対論的な振動ミラーのアイデアは[7]）。それらは、コヒーレントなトムソン散乱によって効率的なX線またはガンマ線のビームを生成する方法を提供することができる。「相対論的フライングミラー」と呼ばれる類似の概念が、加速された電子の薄いシートを用いて提唱され実証されている[13]。この相対論的ミラーからの反射は、高い効率とパルス圧縮をもたらす。

コヒーレントなX線からガンマ線までを望む場合、レーザーをガンマ線に圧縮する「ミラー」は、レーザーがガンマ線光子へコヒーレントに反射されるように、非常に高密度（約 10^{27} cm^{-3}）でなければならない。我々は、これを上記のような相対論的フライングミラーと、このミラーの爆縮との組み合わせを用い、その密度が各次元において10倍（すなわち、密度については千倍）に増強することが達成できることを提案する。これは、凹型の球状ターゲットの部分シェル上において、超相対論的な（光によってイオンすらも相対論的に運動するほどの）パワー密度（10^{24} W/cm^2）と、MJクラスのパルスエネルギーによって達成されると推測される。この爆縮する超相対論的フライングミラー[12]は、注入された10 keV コヒーレントX線パルスをコヒーレントに後方散乱させることができ[11]、100ヨクト秒（10^{-24}s）のコヒーレントガンマ線を生じる可能性がある。

我々は、以下のことを学んだ：物質は、十分に強いレーザーが照射されたときに非線形性を示す。非線形性の強さは、「屈曲」場の強さ（つまりレーザー強度）に依存して変化する。我々が構成要素を強く「曲げる」ほど、より強固な「屈曲力」が必要になる。強固な力が働くほど復元時の周波数が高くなる（時間スケールが短くなる）。物質の非線形性は変化する可能性があるが、この性質は、分子、原子、プラズマ電子およびイオン、さらには最も高い真空でまで、普遍的である。このように我々は、パルスの短さとその駆動レーザー強度との間の相関が、我々の研究室が提供する強度範囲全体にわたって自然が普遍的にふるまうことを目撃した。図1からわかるように、以下の明快なトレンドがある。

$$\tau = fI^{-1} \quad (2)$$

f はフルエンス（J/cm^2）の定数であり、図1からほぼ1である。τ は時間幅（秒）、I はレーザー強度（W/cm^2）である。この式(2)は、式(1)と同じではないことを強調しておく[2]。

結論として、パルス強度－パルス時間幅予測が18桁以上成り立つという証拠は、実験的およびシミュレーションによってこれまでに蓄積されている。実験とシミュレーションの結果は、パルス時間幅がミリ秒からアト秒、ゼプト秒に至るまでレーザー強度に反比例することを示している。特筆すべきは、ゼプト秒、ヨクト秒領域の最短コヒーレントパルスは、ELIやNIFのようなメガジュールクラスのレーザーがフェムト秒パルスシステムで再構成された場合に生成されると予測している点である[14]。この推測は、将来の超高強度および短パルス実験

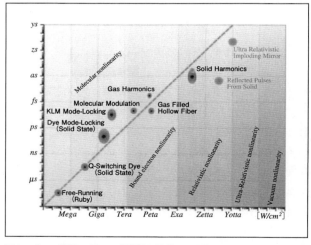

図1 パルス強度－パルス時間幅の推測が示されている。コヒーレント光のパルス時間幅と、18桁を超えるレーザー強度との間には、反比例関係が存在する。これらのエントリーは異なる物理的レジーム ―分子、結合原子電子、相対論的プラズマ、超相対論的、そして最終的には真空から生じる非線形性― を包含する。黒のパッチは実験からのものであり、灰色はシミュレーションまたは理論からのものである[2]。

のための貴重な指針を提供するかもしれない。これは，kJからMJのシステムを使用して，ゼクト秒と恐らくはヨクト秒パルスが生成されるという希望を与える。それは，Zewail[15]が化学反応を調べたり，CorkumとKrausz[16]が原子を探査したのと同じように，核反応のスナップショットを撮り，核内を覗く可能性を開く。他の興味深い見通しは，真空の非線形光学特性を研究する可能性である。この推測は，科学の3つの異なる分野，すなわち，超高速サイエンス，高強度場サイエンス，および高強度レーザーを結びつける。

6.2　レーザー航跡場加速（LWFA）における単一サイクルX線パルスの利用

最近のTFC[†3, 17]（第2章参照）を用いた相対論的ミラー圧縮[10]との組み合わせによる単一サイクルレーザーパルス圧縮の発明は，単一サイクルの（コヒーレントな）X線レーザーパルスを生成することを可能にする。我々はこのようなX線の利用を検討している。この新しい発明は，上記のパルス時間幅－強度予測[2]の適用範囲を，より高い強度（EWおよびZW）およびより短いパルス（アト秒およびゼプト秒）にまで拡張する。CANレーザー（第3章で言及）のようなレーザーは，超高速および超強度場サイエンスのフロンティアに，根本的に異なる見通しを開く。以下で議論するように，これによって現在はガスプラズマとレーザー光で実現しているLWFAから，X線レーザーによる固体密度のLWFAに進化することが可能になる[18, 19]。さらに，そのようなレーザー（おそらくCANの高フルエンスレーザー[20]と組み合わせて）は，ユニークな高強度，コヒーレント，超高速な特性によって，基礎物理研究における新しい道筋を拓く可能性がある。これには，暗黒物質のレーザー検出[21, 22]，Landau-Yangの定理の抜け穴の発見によるニュートリノのレーザー検出[23]などがある。

我々は，固体のような高密度の物質内で航跡場を駆動するために，光子の高い周波数を利用する[18]。LWFAでは，媒体（プラズマ）の密度が高いほど加速度勾配が大きくなる。しかし一方で，固定されたレーザー周波数に対する密度が高くなればなるほど，LWFAのエネルギー利得が低くなる[24]。高強度のLWFAエネルギー利得は，

$$\varepsilon_e = a_0^2 \, mc^2 \, (n_c / n_e), \tag{3}$$

ここで，a_0はレーザー電場の正規化されたベクトルポテンシャル，n_cはそのレーザー周波数におけるプラズマの臨界密度[†4]，n_eは電子密度[25]である。密度を増加させることによるエネルギーの低下を回避するために，臨界密度の向上が役立つ。1 eVの光子の場合，n_cは約10^{21} cm^{-3}であり，10 keVのX線光子の場合は約10^{29} cm^{-3}である。したがって，LWFAの駆動体としてX線を使用することで，式(3)に従い膨大なエネルギー向上の余地が生まれる。このような理由で，我々は高エネルギーX線を用いてLWFAを固体に適用する[17]。固体の典型的な電子密度は10^{23} cm^{-3}，加速長さL_{acc}は，

$$L_{acc} \sim a_x \left(c / \omega_p \right) \left(\omega_x / \omega_p \right)^2, \tag{4}$$

ここでω_xはX線周波数，ω_pはX線光子から見た固体のプラズマ周波数である（これは光子の周波数に依存し，結合電子のうちどれだけがX線にとって「プラズマ電子」とみなすことができるかによる）。またa_xは，通常のレーザー光のa_0に対応するX線の正規化されたベクトルポテンシャルである。こうして，結晶中LWFAのエネルギー利得は

$$\varepsilon_x = a_x^2 \, mc^2 \, (n_c / n_e), \tag{5}$$

となる。

もしも我々がX線を光学レーザーと同程度にしか収束させなければ，ω_0を光学の周波数として$a_x \sim a_0 \, (\omega_0 / \omega_x)$である。しかし，X線の焦点サイズの回折限界は（原理的には）X線の波長程度に小さいので，a_xのとりうる最大値は，上記の$a_x \sim a_0 (\omega_0 / \omega_x)$の値ほどは小さくなく，X線を最適にフォーカスした場合には$a_x \sim a_0$のままである。例えば，これら2つの極限（1 μmと0.1 nm）の間のX線の焦点サイズ，例えば10 nmとすると，X線がNaumovaらのメカニズムによって生成されたものであれ

---

†3 Thin Film Compressor

†4 訳注：レーザー周波数とプラズマ周波数が等しくなる密度　$n_c = m\omega^2 / (4\pi e^2)$

■ レーザー航跡場加速

ば，その焦点強度はおよそSchwinger強度[†5]となる[10]。ここで，Naumova機構により，光学レーザーは強いな表面剥削と圧縮を起こす。この圧縮は単一振動の光学レーザーパルスは，単一振動のより高い周波数のコヒーレントな光子パルスを生み出す。そのパルス幅は

$$\tau_x \sim 600/a_0, \tag{6}$$

である。

ここでτ_xは（アト秒）の単位で与えられる[10]。言い換えれば，X線パルスのパワーは，元の光学レーザーパワーを変換効率（例えば0.1）で割ったものよりもa_0^2倍のこのX線の圧縮によって上昇する。例えば，約200 Jで2 fsの光学レーザーはコヒーレントな10 EWものX線レーザーになる。この例では，（10 keVのX線から見た）電子密度10^{23} cm^{-3}の固体結晶中LWFA機構によるエネルギー利得は，式(5)から$\varepsilon_x \sim$（数）10 PeVであり，$L_{acc} \sim 1$ mである。最近，ナノ材料（ナノホールを含む）を使用する固体密度におけるLWFAの最初のPICシミュレーションが行われた[26]。この研究は固体密度領域におけるLWFAの上記の基本的なスケーリングを明らかにし，TeV/cm加速勾配，ナノチューブ内の航跡場の良好な閉じ込め，および加速電子の固体電子への衝突回避といった可能性を示した。これらの過程の多くは，加速と放射を含めアト秒（またはゼプト秒）の超高速現象であることに注意することが重要である。これらは，固体（またはナノマテリアル）の原子過程よりもはるかに高速な過程であり，それは固体物質の損傷時間スケールが上記の固体LWFA時間スケールよりもはるかに長いことを意味する。

参考文献26)は，QED要因のベータトロン放射などのより量子力学的な放射過程も示しており，最終的にはエミッタンス低減に影響を与える可能性がある[27]。ここでは我々は，電子によるBremsstrahlung放射およびベータトロン放射を含む様々な機構による電子エネルギー損失が無視できると仮定している。実際にはこれらの放射は非常に重要である[28, 29]。加えて，対生成など他の多くの量子力学的過程も重要となる。したがって，電子加速

[†5] 電子－陽電子ペアの生成強度

の飽和が生じるケースの正確な評価には，徹底的な研究が必要である。しかし，ベータトロン放射は横方向エミッタンスの冷却に寄与し，潜在的には輝度を高めるのに役立つことも知られている[29]。

結晶中のこれらの潜在的に大きい電子（および陽電子）のエネルギー損失を克服するために，結晶中にナノホール（またはオングストローム程度の狭い管）を採用することを提案している。結晶中の電子と陽電子がこれらに沿って伝搬する一方で，上記の例のようにX線は典型的には10 nmの断面の半径方向に伝播する[18, 26]。しかし，より小さな領域にX線を集中させることができれば，a_xの値は上記の見積もり$a_x \sim 10^2$よりも大きくなり，従って，得られたエネルギーの値と加速距離は式(3)と式(2)は，上記で見積もった値よりもはるかに大きくなる。ここでもまた，エネルギーの放射損失などがより大きく支配的になる可能性について注意が必要である。もしこれらの損失過程が，ナノホール（ないし0.1 nmのホール）を有する中空の結晶によって抑制できたなら，30 mにわたる加速区間で10^{19} eVのエネルギーゲインというような真に天体物理的パラメータを得ることも不可能ではない。

X線（または光学）レーザーがSchwinger強度（またはその値より低い値でも）では，ペア生成過程が支配的になり，この値を超える電界強度が実現できないという議論があるかもしれない。これが当てはまる場合，我々が見積もった以上のエネルギー利得は得られないことになる。しかし，Schwinger限界におけるレーザー電界強度のこのような限界は，次のことに気づくことによって解消される可能性がある。ポアンカレ不変量$E^2 - B^2$および$E \cdot B$は，平坦な1次元空間に1つのEM波しか存在しない場合でもローレンツ不変である。そしてそのような波は真空を破壊することができない。したがって，上記の条件（近似的にでも）を満たせば，真空の破壊をほとんど起こすことなく，上記のSchwinger波の送信を行うことができる。例えば，10 nmフォーカスについて上記2パラグラフで述べたような見積もりでは，実際に1D幾何学に近いものが許されるので，そのような場合には，上記の状況に似ているだろう。そうすれば，少なくとも理論的にはSchwinger強度に到達することができる。ここで真空中の自己収束条件（例えば参考文献30)）が満

たされるにはレーザーパワー P が次式で定義される臨界パワーを超える必要があることに注意する。

$$P_{cr}=(45/14)cE_S^2\,\lambda^2\,\alpha^{-1}, \qquad (7)$$

$E_S=2\pi\,m^2c^3/e\hbar$ は Schwinger 場, α は微細構造定数である。この値は, 光学レーザーの場合, 10^{24} W のさらに数倍もの値である。しかし, 10 keV の X 線に対しては, 波長の依存性が式(7)において 2 乗であるために 25 PW に過ぎない。したがって, X 線レーザーであればパルスの自己焦点を実現することが可能である。これにより, 上記で見積もったパラメータを超えることができる。

6.3 ゼプト秒ストリーキング

原子物理学は, ボーア半径 a_B (～0.5Å), Rydberg エネルギー W_B のエネルギースケール, $\tau_B=a_B/\alpha c$ (数十アト秒) のタイムスケールによって特徴付けられる (α は微細構造定数)。後者は, 原子における過程を時間分解するためには, アト秒の時間分解能を提供する技術が必要であることを暗示している。アト秒ストリーキング (AS)[31～33] ならびにアト秒トンネル分光法 (ATS)[34] の出現および実験的実現は, 波形再構成可能な光パルス電場のサブ fs での変化とアト秒トリガーの組み合わせにより, 電子ダイナミクス, すなわち核外における自然の最も速いダイナミクスを調べることを可能にした。ここで, AS アプローチは, 光子のエネルギーがイオン化ポテンシャルを超える EUV (極紫外線) 光を使用するが, ATS はそれよりも低い。

最近の研究では, ELI[2, 35] のような高強度レーザーにより, パルス時間幅−強度の仮説[2] (6.1節参照) の前提であるパルス短縮を改善できることが提案されている。これは, レーザー加速された照射パルスもアト秒からゼプト秒にさらに短くすることができること示している。他にも過去10年間のいくつかの提案で, この可能性が示唆されている[36, 37]。アト秒の壁を越えて (以下に示すようにゼプト秒の領域で), 時間スケールはいまや, 原子のダイナミクスから真空のダイナミクスに移行している。原子物理学におけるディラック真空の場合と同じように, まず真空を研究することから始まっている。例えば適切なエネルギーの γ 光子 (荷電粒子の近傍に照射し, 最終的には別の光子と相互作用する) によって, 光子−光子相互作用における電子と陽電子の対形成を利用調べる。これは, 多光子過程を通じた原子中の電子の多光子相互作用に類似した過程である[38]。しかしながら, 振幅が Keldysh 場 E_K よりも大きく, Keldysh パラメータ γ_K[†6] が 1 より小さい場合, 原子内電子との相互作用は非摂動的になる[39]。この非摂動的 Keldysh 過程は, AS や ATS に使用されるようなより高いエネルギーの光子 (例えば, EUV) と高いレーザー強度の導入によって大幅に容易となる (強 EUV アシストイオン化)。

QED 真空の物理では, 原子物理学とのアナロジーで, コンプトン長 $\lambda_C=\alpha a_B$ の空間スケール, $mc^2=\alpha^{-2}W_B$ のエネルギースケール, コンプトン時間 $\hbar/mc^2=\alpha^2\tau_B$ (zs のオーダー) を得る。言い換えれば, 十分に強いレーザー場では, 印加された電界強度が Schwinger リミット E_S (Keldysh 場 E_K とは $E_S=\alpha^{-2}W_B/\alpha a_B=\alpha^{-3}E_K$ の関係がある) を超えるならば, 真空を分極し, "イオン化して"電子と陽電子のペアを生成することもできる (Schwinger 過程[40])。

原子レベルのイオン化が強力な EUV レーザー場よって増強されるように (強 EUV アシストイオン化) (実験セットアップは[32, 33]), 真空破壊は, 強烈なレーザー場の存在下で高エネルギーガンマ線光子によってアシストされる可能性がある。この過程は Nikishov-Ritus ら[41, 42] によって研究されており, ガンマ線光子 (周波数 ω_γ) およびコヒーレント放射場 E の存在によって電子−陽電子生成を式(1)のように与える。

先に述べたように, この過程は, 強力なレーザー場の存在によって原子をイオン化するための EUV アシストによる非摂動 Keldysh 過程に非常に似ている[38]。ここで, Keldysh パラメータに対する真空中の対応するパラメータは, $\gamma_v=1/a_0=mc\omega_1/eE$ である。わずかだが重要な以下の違いがある。考えている真空過程では, 記述されたローレンツ不変量は, 式(1)に最初に反映される[†7]。(式(1)の指数の分母における電場には, 係数 $\hbar\omega/mc^2$ がかかる)。第2に, 単一光子ではローレンツ共変な 4 元運動量保存

---

†6 訳注：$\gamma^2=2\omega^2 I_p/I$, ω：レーザー角周波数, I：レーザー強度, I_p：イオン化ポテンシャル

▌レーザー航跡場加速

則を満たすことができないので，この過程を開始するには複数の光子が必要である。一方で，原子システムのASは，非相対論的ダイナミクスにおいてローレンツ不変性がもともと欠如しているため，光子を必要としない。

我々はこうして，ストリーキングレーザー場の縦方向増幅と，衝突する高エネルギーガンマ線光子$\hbar\omega_\gamma$と強烈なレーザー場$\hbar\omega_1$による，レーザー周期の一部であるアト秒からゼプト秒への時間スケール圧縮を提案する。真空の非線形特性とそのダイナミクスを探るために，現時点では得られていないSchwinger場に近い強度の電界が必要である。式(1)に従って，衝突するガンマ線とレーザーを採用することにより，レーザーの電場強度を効果的に増やし，レーザーパルス長を圧縮することができるが，ここで衝突する2つの電磁波の衝突を重心系のフレームで見ると，これはE_sをSchwinger場の強度から$(mc^2/\hbar\omega_\gamma)$ E_sへと，ある意味で減らす効果がある。一方，ストリーキング時間に関してはレーザー周期（10－100アト秒）以下から真空のダイナミカル時間スケール，コンプトン時間λ_c/cにまで大幅に短縮された時間幅が必要であり，これは以前の時間スケール（$a_B/\alpha c$）のα^2倍であり約5桁の違いがある。この圧縮には，上記2種類の光子の衝突が伴う。

ここでは重心系からこの衝突を記述する。この重心系フレームではガンマ線光子はローレンツファクター$\gamma_{cm}=1/2$ $(\omega_\gamma/\omega_1)^{1/2}$で移動しており，レーザー光の光子は同じローレンツ因子γ_{cm}で逆方向に動いている（今後γ_{cm}を単にγと書く）。ここで，ガンマ光子とレーザーとの間の交差角をθと定義する。レーザーの偏光はx軸方向で，伝搬方向はz軸の負の方向とする。レーザーの正規化されたベクトルポテンシャルは$a_0=eE/m\omega_1c$であり，ここでEは実験室フレームでのレーザー電界である。我々は，真空を歪ませ，Schwinger-Nikishov場$E=(m^2c^3/e\hbar)$ $(mc^2/\hbar\omega)$に到達するのに十分な大きさのレーザー場振幅を考える。これはSchwinger-Nikishov振幅

$$a_0^{SN}=\left(mc^2/\hbar\omega_1\right)\left(mc^2/\hbar\omega_\gamma\right)。 \tag{8}$$

に相当する。これはローレンツ不変量である。

---

†7 訳注：原文の意図不明

ガンマ線光子と相互作用するこのレーザーの振幅を用いて，重心座標系で何が起こるかを調べてみよう。Schwinger-Nikishovフィールドに到達するので，真空は電子と陽電子の十分な対を生成する。実験室系での電子の運動量をp_0とする。x－z平面における交差角を用いて，x方向における生成電子の運動量は，$p_{0x}=p_0\tan\theta\sim p_0\theta$である。運動方向に垂直な方向の運動量$p_{0x}$はローレンツ変換で不変であることに注意する。レーザーのベクトルポテンシャルA_xも同様である。重心系フレームでは，電子のz方向の運動量はp_0よりもはるかに小さい（mcのオーダー）。p_{0x}のこの系統的な運動量に加えて，電子は発生時にいくらかのランダムな運動量を獲得する（陽電子も）。このフレームでは，発生時の電子は運動量p_{0x}（上記の，p_x, p_zのランダムな運動量に加えて）を有し，レーザーは$E'=\gamma E$の電場を有する。この慣性系では，電子ダイナミクスはアト秒ストリークカメラの場合と同様である[32, 33]。こうして高エネルギーの光子が電子と陽電子のペアを生成し，適切な慣性系を与えるという役割を果たすようになり，我々は単純に，Lorentzブーストされた高強度レーザー場E'およびω'によって電子が生成されたと考えることができる。参考文献32)によると，この重心系でのストリーキングの時間分解能は，

$$\Delta t'=T_0'/2\pi\left[\left(\hbar\omega_1'm\right)/\left(ep_{0x}'A_x'(t')\right)\right]^{1/2} \tag{9}$$

ここで全ての'が付いた量は重心系での値であることを意味し，t'は重心系での真空中から電子－陽電子が生成された時刻であり，T_0'は重心系でのレーザー周期である。式(9)のこの量は，p_{0x}とA_xのローレンツ不変量と他の量のローレンツ変換性に注意して，$\Delta t'=T_0/2\pi\gamma[(\hbar\omega_1'/p_0c)/a_0\theta]^{1/2}$と書き直すことができる。ここで，この時間分解能eq.(6.9)がコンプトン時間に等しいことを要求すると

$$\Delta t'=\hbar/mc^2. \tag{10}$$

となる。

時間分解能に対するこの要件から，正規化ベクトルポテンシャルの振幅に対する以下が導かれる

$$a_0^{res}=\left(mc^2/\hbar\omega_1\gamma^2\theta\right). \tag{11}$$

したがって，ストリーキングの最適条件は，$a^{res}=a_0^{SN}$と等しくなるときに得られるはずである。この条件は，衝突の幾何条件，すなわち交差角（図2参照）を次のように設定する。

$$\theta = 4\hbar\omega_1 / mc^2. \tag{12}$$

我々は生成電子が加速されていることを観測する（実験室系の$A_x(t)$によって観察されるが，物理は重心系でも同じである）。陽電子と電子の放出は対応しているので，信号とノイズを効果的に区別することができる。実験室フレーム内の微分された飛行時間は，z軸周りの狭い角度θとその周辺にある。こうして，ストリーキングは元のガンマ線の下流方向の角度掃引（従来のストリーキングカメラと同様に）となることができ，または磁石によって横に導くこともできる[32,33]。

実験パラメータのいくつかの例を検討しよう。上記のように，一旦ガンマ線光子のエネルギーを選択すると，それに応じて他のパラメータが決定される。第1の例は，1 GeVのガンマ線光子である。この場合，式(8)から要求されるレーザー強度は約10^{23} W/cm^{2}である。式(8)によれば，一般に必要なレーザー強度はガンマ線光子エネルギーの二乗に反比例し$I \sim 10^{23}(\omega_G/\omega_\gamma)^2$ W/cm^{2}である（$\hbar\omega_G$の単位はGeV）。交差角は，式(12)から$\theta \sim 10^{-5}$ radである。

言い換えれば，GeVオーダーのガンマ線エネルギー，10^{23} W/cm^{2}のレーザー強度，および10^{-5} radの交差角を考慮した例では，重心系におけるコンプトン時間1ゼプト秒の分解能が得られる。この時間スケールは，実験室系から見ると約30アト秒である。ゼプト秒スケールのストリーク能力は，10^{23} W/cm^{2}の非常に強力なレーザー照射によって得られ，それはアト秒ストリーキングでの典型的なレーザー強度より数桁大きい。これはやはり強度−パルス幅予測[2]とほぼ一致している。

我々は，高エネルギーガンマ線と強力なレーザーパルスの衝突による軸方向ストリーキング法の導入で，ゼプト秒ストリーキングにおける以下の顕著な特徴が得られることを見た。

1. Schwinger強度を低下させ，真空のブレークダウン閾値を約10^{23} W/cm^2（Schwinger-Nikishov強度）まで約6桁低下させる。
2. レーザー周期をローレンツ因子γ分，この例では約3×10^4減少させる。
3. 適切な交差角θがとられるという条件のもとで，コンプトン時間（ゼプト秒）分光法の分解能が得られる。

より詳細な実験結果や他の条件について，今後のマッピングが待たれる。

参考文献

1) Mourou G. A., Tajima T. and Bulanov S. V., "Optics in the relativistic regime", Rev. Mod. Phys., 78 (2006) 309.
2) Mourou G. and Tajima T., "More intense, shorter pulses", Science, 331 (2011) 41. 124 T. TAJIMA, K. NAKAJIMA and G. MOUROU
3) Tajima T., Mima K. and Baldis H., High-Field Science (Springer) 2000.
4) Tajima T. and Mourou G., "Zettawatt-exawatt lasers and their applications in ultrastrong-field physics", Phys. Rev. ST Accel. Beams, 5 (2002) 31301.
5) Strickland D. and Mourou G., "Compression of amplified chirped optical pulses", Opt. Commun., 56 (1985) 219.
6) Dubietis A., Jonu. sauskas G. and Piskarskas A., "Powerful femtosecond pulse generation by chirped and stretched pulse parametric amplification in BBO crystal", Opt. Commun., 88 (1992) 437. 128 T. TAJIMA, K. NAKAJIMA and G. MOUROU
7) Bulanov S. V., Naumova N. and Pegoraro F., "Interaction of an ultrashort, relativistically strong laser pulse with an overdense plasma", Phys. Plasmas 1994-Present, 1 (1994) 745.
8) Baeva T., Gordienko S. and Pukhov A., "Theory of high-order harmonic generation in relativistic laser interaction with overdense plasma", Phys. Rev. E, 74 (2006) 46404.

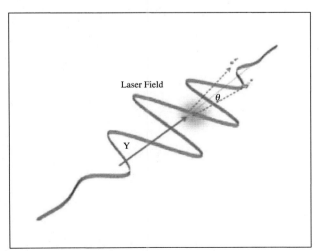

図2　ゼプト秒ストリーキングのコンフィグレーション

▍レーザー航跡場加速

9) Zepf M. et al., "Role of the plasma scale length in the harmonic generation from solid targets", Phys. Rev. E, 58 (1998) R5253.

10) Naumova N., Nees J., Sokolov I., Hou B. and Mourou G., "Relativistic generation of isolated attosecond pulses in a λ 3 focal volume", Phys. Rev. Lett., 92 (2004) 63902.

11) Naumova N., Sokolov I., Nees J., Maksimchuk A., Yanovsky V. and Mourou G., "Attosecond electron bunches", Phys. Rev. Lett., 93 (2004) 195003.

12) Bulanov S. V., Esirkepov T. and Tajima T., "Light intensification towards the Schwinger limit", Phys. Rev. Lett., 91 (2003) 85001.

13) Kando M. et al., "Demonstration of Laser-Frequency Upshift by Electron-Density Modulations in a Plasma Wakefield", Phys. Rev. Lett., 99 (2007) 135001.

14) Braun A., Korn G., Liu X., Du D., Squier J. and Mourou G., "Self-channeling of high-peak-power femtosecond laser pulses in air", Opt. Lett., 20 (1995) 73.

15) Zewail A. H., "Femtochemistry: Atomic-scale dynamics of the chemical bond", J. Phys. Chem. A, 104 (2000) 5660.

16) Corkum P. and Krausz F., "Attosecond science", Nat. Phys., 3 (2007) 381.

17) Mourou G., Mironov S., Khazanov E. and Sergeev A., "Single cycle thin film compressor opening the door to Zeptosecond-Exawatt physics", Eur. Phys. J. ST, 223 (2014) 1181.

18) Tajima T., "Laser acceleration in novel media", Eur. Phys. J. ST, 223 (2014) 1037.

19) Carroll J. et al., "Photoexcitation of nuclear isomers by (γ, γ') reactions", Phys. Rev. C, 43 (1991) 1238.

20) Mourou G., Brocklesby B., Tajima T. and Limpert J., "The future is fibre accelerators", Nat. Photon., 7 (2013) 258.

21) Homma K., Habs D. and Tajima T., "Probing the semi-macroscopic vacuum by higherharmonic generation under focused intense laser fields", Appl. Phys. B Lasers Opt., 106 (2012) 229.

22) Tajima T. and Homma K., "Fundamental Physics Explored with High Intensity Laser", Int. J. Mod. Phys. A, 27 (2012) 1230027.

23) Ishikawa K., Tajima T. and Tobita Y., "Anomalous radiative transitions", Prog. Theor. Exp. Phys., 2015 (2015) 013B02.

24) Tajima T. and Dawson J., "Laser electron accelerator", Phys. Rev. Lett., 43 (1979) 267.

25) Tajima T., "Laser acceleration and its future", Proc. Jpn. Acad. Ser. B, 86 (2010) 147.

26) Zhang X. et al., "Particle-in-cell simulation of x-ray wakefield acceleration and betatron radiation in nanotubes", Phys. Rev. Accel. Beams, 19 (2016) 101004.

27) Huang Z. and Ruth R. D., "Effects of focusing on radiation damping and quantum excitation in electron storage rings", Phys. Rev. Lett., 80 (1998) 2318.

28) Nakajima K. et al., "Operating plasma density issues on large-scale laser-plasma accelerators toward high-energy frontier", Phys. Rev. ST Accel. Beams, 14 (2011) 91301.

29) Deng A. et al., "Electron beam dynamics and self-cooling up to PeV level due to betatron radiation in plasma-based accelerators", Phys. Rev. ST Accel. Beams, 15 (2012) 81303.

30) Mourou G. A., Tajima T. and Bulanov S. V., "Optics in the relativistic regime", Rev. Mod. Phys., 78 (2006) 309.

31) Itatani J., Quéré F., Yudin G. L., Ivanov M. Y., Krausz F. and Corkum P. B., "Attosecond streak camera", Phys. Rev. Lett., 88 (2002) 173903.

32) Kienberger R. et al., "Atomic transient recorder", Nature, 427 (2004) 817.

33) Goulielmakis E. et al., "Single-cycle nonlinear optics", Science, 320 (2008) 1614.

34) Uiberacker M. et al., "Attosecond real-time observation of electron tunnelling in atoms", Nature, 446 (2007) 627.

35) "ELI . extreme light infrastructure. european project, ELI Beamlines Facility in the Czech Republic." [Online]. Available: http://www.eli-beams.eu/. [Accessed: 18-Nov- 2016].

36) Mourou G. A. and Naumova N. M., "A Qualitative Introduction to Extreme Light Infrastructure", AIP Conf. Proc., 1228 (2010) 1.

37) Kaplan A. and Shkolnikov P., "Lasetron: a proposed source of powerful nuclear-timescale electromagnetic bursts", Phys. Rev. Lett., 88 (2002) 74801.

38) Lambropoulos P., "Topics on multiphoton processes in atoms", Adv. At. Mol. Phys., 12 (1976) 87.

39) Keldysh L., "Ionization in the field of a strong electromagnetic wave", Zh. Éksp. Teor. Fiz., 47 (1964) 1945; Sov. Phys. JETP, 20 (1965) 1307.

40) Schwinger J., Phys. Rev., 82 (1951) 664; Schanbacher V., Phys. Rev. D, 26 (1982) 489.

41) Nikishov A. and Ritus V., "Quantum processes in the field of a plane electromagnetic wave and in a constant field. I", Sov. Phys. JETP, 19 (1964) 529.

42) Reiss H. R., "Absorption of light by light", J. Math. Phys., 3 (1962) 59.

超高エネルギー
宇宙線加速

翻訳：（国研）理化学研究所　戎崎 俊一

7 超高エネルギー宇宙線加速

　この節では，自然もLWFAを実現しており，航跡場生成と関係する粒子の最高エネルギーへの加速に関係するすべての現象を実現していることを学ぶ。広い意味のプラズマ天体物理学については参考文献1）にレビューされているので，ここでは繰り返さない。

7.1　イントロダクション

　私たちは，超高エネルギーへの粒子加速において，航跡場加速機構が自然の中で重要な役割を果たしている証拠を見つけつつある。これは，2つの事実を基礎にしている。i）高いエネルギーの宇宙線の生成については，ランダムに磁場に遭遇することで統計的に加速するフェルミ加速機構は〜10^{19} eVに近づくにつれてシンクロトロン放射エネルギー損失による厳しい限界に突き当たる。ii）自然と天体物理プラズマには，不安定で乱流的になってしまう場合とは別に，航跡場加速を可能とするコヒーレントな加速過程を作る指導原理が働く環境が存在している。その中でもっとも重要な指導原理は，波（もしくは擾乱）が，プラズマとの位相速度がプラズマ全体の熱速度より十分速い（例えば光速c）ので，相互作用において頑健であるため，プラズマはそう簡単に乱流的になったり破壊されたりはしない[2~4]ということである。
　10^{20} eVのエネルギーを持つ超高エネルギー宇宙線（UHECRs）の起源は，天体物理学の謎の一つとして残っている。一般にそれは，銀河系外起源と信じられている（詳細なレフェレンス参考文献5）を見よ）。UHECRsの生成は，荷電粒子が磁気雲との多数回散乱によってエネルギーを得るというフェルミ加速[6]の枠組みの中で主に議論されてきた。フェルミ加速の1つの必要条件は，磁場閉じ込めである。このヒラス条件は，候補天体の磁場の強さBとその拡がりRの積について制限を与える（ヒラス条件）[7]：$W \leq W_{max} \sim z(B/1\ \mu G)(R/1\ kpc)$ EeV。ここで，zは粒子の電荷である。潜在的な候補天体（ただし，ヒラス条件をぎりぎり満たしているだけの）天体は，中性子星，活動的銀河核（AGN），ガンマ線バースト（GRB），そして銀河間空間の降着衝撃波である。しかし，10^{20} eVへの加速は，これらの候補天体でも，フェルミ加速ではそう簡単ではない。というのは，1）最高エネルギーに到達するためには，多数回の散乱が必要である。2）散乱に伴って曲がる時のシンクロトロン放射によるエネルギー損失。3）加速領域に磁場的に最初に閉じ込められると，逃げ出す事が困難である，からである[5]。
　この論文では，荷電粒子（陽子，イオン，電子）を超高エネルギーまで宇宙の条件下（特にAGNの条件下）で電磁波（EM）波・粒子相互作用を通して加速する，別の方法があることを指す。この方法が成り立つためには，2つの条件が必要である。a）加速構造（波）は，伝搬速度（位相速度）が，高速cに非常に近い。b）波が相対論的な振幅を持っている，つまり振幅が非常に大きく

レーザー航跡場加速

て波の振動周期の間に相対論的な運動量を得る（$e_j E/\omega > m_j$）ことである。ここでEとωは波の電場と振幅数 e_j と m_j は j 粒子の電荷と質量である。条件bが成立すると、波の進行方向に $v \times B/c$ の非線形力、いわゆるポンダーモーティブ力による加速が起こる。そして、このポンダーモーティブ力は、振幅が相対論的なときのみ重要になる[2]。これらの2つの条件は、たくさんの地上の実験とともに[8]いくつかの天体でも条件を満たしている可能性がある。条件（a）と（b）が満たされたとき、このUHECR形成のための加速機構は、フェルミ加速に対して、以下の理由により有利である。

1. ポンダーモーティブ力は、極端に高い加速場を与える。
2. 粒子の曲がりが必要ない。曲がりは極限エネルギーでは厳しいシンクロトロン損失の原因になる。
3. 加速場と粒子は、同じ方向に同じ速度、光速で動いている。このため加速は、包摂されたコヒーレンス、いわゆる"相対論的コヒーレンス"[9]を持つ。一方、フェルミ加速は、多数回の散乱を必要としているので、本源的にコヒーレントではなく、統計的である。
4. 逃散問題[5]がない。加速場は自然になくなってしまうので、粒子は加速領場から逃げ出せる。
5. いつでも、どこでも、高輝度電磁波は（十分高い振動数で）励起される。このような波はコヒーレントな力学を示す（後で詳しく書く）。

Takahasi. et al.[10] と Chen et al.[11] は、中性子星の合体によって作られた強いアルフベン波が航跡場を作り、荷電粒子を 10^{20} eV まで加速することを示した。そのような中性子星の衝突は短いガンマ線バースト[12]に関係していると考えられているが、2つの中性子星が直接衝突するのは、かなりまれである。それは、同じ質量であることが要求されるからである。そうでないと、より重い星の潮汐力が、より軽い星を破壊して降着円盤を作るからである。Chang et al.[13]はAGNから放射されたホイッスラー波がUHECRを加速する一次元シミュレーションを行った（参考文献14）も見よ）。それより前に[14]は、加速とその結果としてのガンマ線バーストが円盤の不安定によると考えた。ここで私たちはこの理論とブレーザーからのガンマ線バースト放射のような天体観測への示唆を与える[16,17]。

降着ブラックホールは、AGNの中心エンジンであり、航跡場加速の1つの候補である。降着円盤は、強く磁化した（低β）状態と、弱く磁化した状態（高β）を繰り返し遷移する[18]。実際、O'Neil et al.[19] は、10－20軌道周期磁場の遷移が、もっとも円盤の内側で優先的であることを3次元シミュレーションで示した。この遷移が起こると、円盤内でアルフベン波の強いパルスが励起されて、降着円盤の内側部分から打ち出された相対論的ジェットの中を伝播し（図1）、強いポンダーモーティブポテンシャルを作る。我々の解析は、このポンダーモーティブ力により、陽子と原子核がZeV（10^{21} eV）の極限的なエネルギーまで加速されることを明らかにした。ブラックホール降着円盤、そして相対論的ジェットでできた降着円盤系からの10^{20} eVを超えるUHECRsの生成の定量的な評価を以下に与える。

7.2 強力なポンダーモーティブ機構

ガスがブラックホールに降着すると、降着円盤がその周りに作られる。その中のガスはブラックホールの周りに円運動をしている。その角速度が、内側の軌道のほうが速いので、円盤の違う半径を回転するガスの間に強いシア流ができる。ガスは、ほとんど完全に電離していてオーム損失は無視でき、磁場はシア運動により引き延ばされて増幅される。その結果できたトロイダル磁場が、

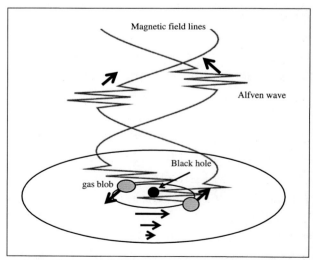

図1　MRI（磁気回転不安定）が円盤の擾乱を作り出す[20]。これは、ガスのかたまりが中心ブラックホールへの落下を惹起し、磁場擾乱のパルスをジェットの中に打ち上げる。

違う軌道を回転するガスの間の摩擦として働き，運動量を外側に運ぶ。一方，ガスは運動量交換の反作用で内側に押しやられる。

降着円盤の内側の端は，$R=3R_g$のところにある。ここでブラックホールの重力半径R_gは，

$$R_g = 2GM/c^2 = 3.0 \times 10^{13} \left(m/10^8 \right) \text{cm} \tag{1}$$

で与えられる。ここでmは，太陽質量（20×10^{30} g）を単位としたブラックホールの質量である。ブラックホールの因果の地平のすぐ外側にエルゴ球が現れる。エルゴ球の中で因果地平の外にあるガスが磁化されていたら，ブラックホールから回転エネルギーを抜き出すことができる。このエネルギーが，相対論的ジェットを上下の円盤の軸の方向に駆動している[21]。ジェットのバルク運動のローレンツ因子は活動的銀河核の場合10－30であることが観測されている。

Shibata, Tajima, and Matsumoto[18]によると，降着円盤が2つの状態を遷移する。弱く磁化した状態では，磁場は強いシア流の間で増幅される。それが，ある臨界値まで強くなると，不安定が起こって崩壊する。言い換えると，円盤は2つの状態の間を繰り返し遷移する。

降着円盤のもっとも内側の領域（$R<10R_g$）の物理パラメータはShakura and Sunyaev[22]に従って以下のように評価される。

$$\varepsilon_D = 6.6 \times 10^6 \left(m/10^8 \right)^{-1} \text{erg cm}^{-3} \tag{2}$$

$$n_D = 2.9 \times 10^{14} \left(\dot{m}/0.1 \right)^{-2} \left(m/10^8 \right)^{-1} \text{cm}^{-3} \tag{3}$$

$$Z_D = 2.2 \times 10^{13} \left(\dot{m}/0.1 \right) \left(m/10^8 \right) \text{cm} \tag{4}$$

$$B_D = 1.8 \times 10^3 \left(m/10^8 \right)^{-1/2} \text{G} \tag{5}$$

臨界降着率$\dot{M}_c = L_{edd}/0.66c^2$[23]，ここで$\dot{m}$は降着率である。この論文では粘性パラメータ$\alpha$は，0.1と仮定した。$m$と$\dot{m}$と定義により，降着ブラックホールの全光度は以下のように与えられる。

$$L_{tot} = 1.3 \times 10^{45} \left(\dot{m}/0.1 \right) \left(m/10^8 \right) \text{erg s}^{-1} \tag{6}$$

降着円盤から放出される波長λ_Aは以下のように計算される[20]。

$$\lambda_A = \left(V_{AD}/C_{sD} \right)\left(\Omega/A \right)Z_D = B_D Z_D / 3\left(4\pi\varepsilon_D \right)^{1/2}$$
$$= 5.8 \times 10^{12} \left(\dot{m}/0.1 \right) \left(m/10^8 \right) \text{cm} \tag{7}$$

ここでV_{AD}は降着円盤のアルフベン速度であり，以下のように計算される。

$$V_{AD} = B_D / \sqrt{4\pi m_H n_D} = 2.4 \times 10^7 \left(\dot{m}/0.1 \right) \tag{8}$$

またC_{sD}は降着円盤の中の音速である。

$$C_{sD} = \sqrt{\varepsilon_D / m_H n_D} \tag{9}$$

ここでm_Hは陽子の質量である。私たちは降着円盤の磁場をB_Dとし，円盤の内側のガスがケプラー回転をしていると仮定した。つまり$\Omega/A = 4/3$とする。降着円盤内側の領域（$R<10R_g$）に蓄積された磁場のエネルギーE_Bは，以下のように評価される。

$$E_B = \left(B_D^2 / 4\pi \right) \pi \left(10R_g \right)^2 Z_D$$
$$= 1.6 \times 10^{48} \left(\dot{m}/0.1 \right) \left(m/10^8 \right) \text{erg.} \tag{10}$$

アルフベン波は，降着円盤の中で励起され，ジェットの軸に沿った大極的な磁場に沿って伝搬する。正規化されたベクトルポテンシャルaは，ローレンツ不変な波の強さのパラメータ[8]であり，次の様に計算される。

$$a = eE/m_e\omega_A c, \tag{11}$$

ここでm_eとeは電子の質量と電荷で，$E=\left(V_{AD}/c \right)^{1/2}$と$\omega_A = 2\pi V_{AJ}/\lambda_A \simeq 2\pi c/\lambda_A$を使った。前者は，アルフベンエネルギーフラックスつまり$\Phi_{AJ} = \left(cE \times B/4\pi \right) = \Phi_{AD}$（$= V_{AD}B_D^2/4\pi$）から求められる。ここで$a$がほとんどのAGNの降着円盤では1よりずっと大きいことがわかる。また，ジェット内のアルフベン速度（ブラックホールのすぐそばを除いて）cに近く，そしてアルフベン波が電子とイオンに強いポンデロモーティブ力を与える。この$a \gg 1$の領域では，縦方向のポンデロモーティブ加速が横方向の加速を上回る。イントロダクション（1.1節）で述べたように，Tajima-Dawson加速[2]は，a）相対論的位相速度，b）相対論的な振幅を要求する。Ashour-Abdalla et al.[24]は，b）が完全に満足されているような天体物理的な状況を研究した。そして，電磁波（EM）パルスの先頭で，ポンデロモーティブ力が粒子を加速する一方，パルスの後方では，密度の空げきができる（これ

▌レーザー航跡場加速

は引き続く航跡場の原因となる）。地上の加速実験により近い条件でのさらに新しい研究においては[25〜27]，Ashour-Abdallaの結果と定性的に似た様な結果を与えている（詳細はパラメータより違う）。Mourou et al.[28] は，EMパルスが，$m_H/m_e > a > 1$ の場合を"相対論的"，さらに $a > m_H/m_e > 1$ の場合を"超相対論的"領域と呼んでいる。これまで，どの地上実験も"超相対論的"$a > m_H/m_e > 1$ 領域を実現していない。いくつかの限られた理論的な研究のみが，この領域について行われている。1Dの範囲内においては，Ashour-Abdalla et al.[24] は，"超相対論的"領域で電荷分離力よりポンダーモーティブ力が強くなる結果を得ている。ただし，この結果は2Dや3Dの場合は弱められるかもしれない。この領域は，ポンダーモーティブ力が完全支配することになる。より最近の研究[14] は，大きな a の領域でのポンダーモーティブ力の重要性を示している。

ジェット中のアルフベン波は，πb^2 に逆比例すると仮定した。また，b は距離Dの平方根つまり $b = 10 R_g (D/3R_g)^{1/2}$ で与えられると仮定する。これは，もっとも近いAGNであるM87のVLBIの観測と整合的である[29]。この場合，ジェットを伝搬する波の a は次のように計算できる。

$$a(D) = a_0 (D/3R_g)^{-1/2} \tag{12}$$

ここで D は，ジェットに沿ったブラックホールからの距離であり，a_0 は，円盤の内側の端 $(D=3R_g)$ における a の値で，

$$a_0 = 2.3 \times 10^{10} (\dot{m}/0.1)^{3/2} (m/10^8)^{1/2}. \tag{13}$$

で評価される。波の中の粒子の鳴動運動のローレンツ因子 γ は a の桁である。つまり $\gamma \sim a$ である。

電磁的なパルスの形成と同軸的な伝搬の性質が，ポンダーモーティブ加速にコヒーレント性を付与する。つまりある特定の波と加速される粒子が強く結合される。というのは，これらの波の位相速度（今考えているジェットの中の電磁的な波も含めて）が非常に光速に近いことと，そのポンダーモーティブ力の縦方向の性質（つまりジェットの中に埋め込まれた磁場に沿って伝搬する波の伝搬方向に一致している）による。さらに，相対論的コヒーレンス[30] のために一次元の加速構造は頑健である。このような場合，位相はずれと呼ばれる機構（ポンプ不

足[8, 30] と同様）により，粒子の最大エネルギーとスペクトルが決まる[8, 11]。

ここでジェットの磁場に平行に伝搬する波のモードを考えよう。アルフベン波の角振動数は

$$\omega_A = 2\pi V_{AJ} / \lambda_A \cong 2\pi c / \lambda_A$$
$$= 3.2 \times 10^{-2} (\dot{m}/0.1)^{-1} (m/10^8)^{-1} \text{ Hz} \tag{14}$$

である。ここで $V_{AJ} = B_J / \sqrt{4\pi m_H n_J}$ は，ジェット内のアルフベン速度である。ジェット中の磁場フラックスの保存を仮定すると，ジェット内の磁場 B_J は，

$$B_J = \phi B_D (b/10R_g)^{-2} = \phi B_D (D/3R_g)^{-1} \tag{15}$$

とスケールする。ジェット内のプラズマ密度 n_J は，ジェットの動力学的光度 L_J を使って

$$L_J = n_J m_H c^3 \Gamma^2 \pi b^2 = \xi L_{tot} \tag{16}$$

であるから，n_J は，

$$n_J = 2.6 \times 10^3 (\dot{m}/0.1)(m/10^8)^{-1}$$
$$(\xi/10^{-2})(\Gamma/20)^{-2}(D/3R_g)^{-1} \text{ cm}^{-3} \tag{17}$$

となる。有効プラズマ周波数 ω_p' は，

$$\omega_p' = (4\pi n_J e^2 / m_e \gamma \Gamma^3)^{1/2} \tag{18}$$

$$= 2.1 \times 10^{-1} (\Gamma/20)^{-5/2} (\xi/10^{-2})^{1/2} (\dot{m}/0.1)^{-1/4}$$
$$(m/10^8)^{-3/4} (D/3R_g)^{-1/4} \text{ Hz} \tag{19}$$

で与えられる。一方で，有効サイクロトロン周波数は，

$$\omega_c' = eB_J / m_e c\gamma$$
$$= 2.3 \times 10^0 (\phi/2.0)(\dot{m}/0.1)^{-3/2}$$
$$(m/10^8)^{-1} (D/3R_g)^{-1/2} \text{ Hz}. \tag{20}$$

と与えられる。

アルフベン波がジェット内を伝搬しているうちに，密度と磁場は減少するので，それに従って ω_p'/ω_A と ω_c'/ω_A も減少する。ω_p' が ω_A に近づくにつれて，アルフベン波のホイッスラー分岐が電磁（EM）波に変換され[13]，ポンダーモーティブ力と航跡場ポテンシャルを生み出し始める。$\omega_c' = \omega_A$ となる距離 D_1 は

48

$$D_1 / 3R_{\mathrm{g}} = 1.7 \times 10^3 \left(\Gamma / 20 \right)^{-10}$$
$$\left(\xi / 10^2 \right)^2 \left(\dot{m} / 0.1 \right)^3 \left(m / 10^8 \right) \tag{21}$$

と計算される。一方，$\omega_{\mathrm{c}}' = \omega_{\mathrm{A}}$ となる距離 D_2 は

$$D_2 / 3R_{\mathrm{g}} = 5.1 \times 10^3 \left(\dot{m} / 0.1 \right)^{-1} \left(\phi / 2.0 \right)^2 \tag{22}$$

となって，$\dot{m}$ と m に依存しない。D が増加するにしたがって，ω_{c}' が ω_{A} に近づく。ω_{c}' におけるサイクロトロン共鳴にもかかわらず，ほとんどの波のエネルギーは，ホイッスラー分岐から冷たい線形限界 [31] のときにサイクロトロン共鳴 ω_{c}' の上に存在している右手遮断周波数

$$\omega_{\mathrm{c}}^{\mathrm{rh}} = \left[\left(\omega_{\mathrm{c}}'^2 + 4\omega_{\mathrm{p}}'^2 \right)^{1/2} + \omega_{\mathrm{c}}' \right] / 2 \tag{23}$$

を超えて上の分岐にトンネルすると思われる。

7.3　最大エネルギー宇宙線

ジェットの中のアルフベン波の位相速度は，n_{D} に比べて n_{J} が小さいため，光速に近い。このような場合粒子は，波の伝搬方向に平行なポンダーモーティブ力によって加速される。観測者系におけるこの領域での粒子が得る最大エネルギー W_{pm} は以下のように計算できる。

$$W_{\max} = z \int_0^{D_3} F_{\mathrm{pm}} \, dD \tag{24}$$

$$= 4.6 \times 10^{19} z \left(\Gamma / 20 \right) \left(\dot{m} / 0.1 \right)^{1/2} \left(m / 10^8 \right)^{1/2} \left(D_3 / 3R_{\mathrm{g}} \right)^{1/2} \mathrm{eV} \tag{25}$$
$$= 2.9 \times 10^{22} z \left(\Gamma / 20 \right) \left(\dot{m} / 0.1 \right)^{4/3} \left(m / 10^8 \right)^{2/3} \mathrm{eV}$$

ここで

$$F_{\mathrm{pm}} = \Gamma m_e c a \omega_{\mathrm{A}} \tag{26}$$

は，波のポンダーモーティブ力である。加速長は，

$$Z_{\mathrm{acc}} = \mathrm{c}a / \omega_{\mathrm{A}} \tag{27}$$

と仮定した。これは，Ashour-Addalla et al. [24] と整合的である。さらに，Barezhiani and Murushide [32] は，正確な相対論的なレーザーパルス非線形縦方向プラズマ波解を陽子の鳴動運動を無視して求めている。彼らは，式(27)と同じように a に比例して加速長さが増加することを見いだしている。この加速長の性質は，陽子の鳴動運動が無視できない場合，つまり $a > 10^3$ でも保存されていると期待

される。彼らはさらにプラズマ密度が相対論的なレーザーパルスの中では，かなり減っていることを見いだしている。というのは，プラズマは，強いポンダーモーティブ力を受けているからである。式(28)は Z_{acc} が D より大きい限り成り立つ。距離 D_3 は，加速が終わる距離で

$$D_3 = Z_{\mathrm{pd}} = a c / \omega_{\mathrm{A}} \tag{28}$$

で与えられる。私たちは，粒子は D_3 より先に D_1 に至ることを見つけた。つまり

$$D_3 / 3R_{\mathrm{g}} = 3.9 \times 10^5 \left(\dot{m} / 0.1 \right)^{5/3} \left(m / 10^8 \right)^{1/3} > D_1 / 3R_{\mathrm{g}} \tag{29}$$

である。

　加速された荷電粒子のエネルギースペクトルは，多数回の位相はずれが起きるために，指数 -2 のベキ関数になる，つまり $f(W) = A \left(W / W_{\min} \right)^{-2}$ である。多数の振動数の（ただし，同じ位相速度 $\sim c$ [11, 33] を持った）波があるときには，ポンダーモーティブもしくは，航跡場の違うピークに乗ったり降りたりを複数回行う。前に述べたように，駆動する EM 波とそのポンダーモーティブ場が，幅の広い振動数を維持したときに，その位相速度と群速度がそれぞれ，光速に非常に近いので，頑健な加速構造ができる。EM 波が，2次元的もしくは3次元的な性質を持っている時には，位相はずれがより急速なので，より高いスペクトル指数を導く（-2 より小さい）可能性がある。ここで κ を，加速の変換効率としよう，つまり $\kappa E_{\mathrm{B}} = A W_{\min}^2 \ln \left(W_{\max} / W_{\min} \right)$ である。ここで A は，

$$A = 1.6 \times 10^{33} \kappa \dot{m} m^2 \left[W_{\min}^2 \ln \left(W_{\max} / W_{\min} \right) \right] - 1 \tag{30}$$

と計算できる。アルフベン波バーストの繰り返し時間 ν_{A} は，以下のように見積もられる。

$$\nu_{\mathrm{A}} = \eta V_{\mathrm{AD}} / Z_{\mathrm{D}} = 1.0 \times 10^2 \eta m^{-1} \mathrm{Hz} \tag{31}$$

ここで η は場合に依存する1の桁の値である。これは，O'Neil [18] によっておこなわれた3次元シミュレーションと整合的である。彼は長周期周期振動（LPQPO）と呼ばれる時期的な擾乱が，ケプラー回転周期の 10 − 20 倍であることを見いだしている。超高エネルギー宇宙線の高度 L_{UHECR} は，

$$L_{\mathrm{UHECR}} \sim \kappa \zeta E_{\mathrm{B}} \nu_{\mathrm{A}} = 1.6 \times 10^{33} \left(\kappa \zeta / 0.01 \right) \eta \dot{m} m \, \mathrm{erg \, s}^{-1} \tag{32}$$

▌ レーザー航跡場加速

表1 降着，超大質量ブラックホールにおけるポンダーモーティブ加速の主要な特徴アルフベン波の繰り返し時間 v_A は，以下のように見積もられる[16]。

	Values	Units
$2\pi/\omega_A$	$2.0\times10^2(\dot{m}/0.1)(m/10^8)$	s
$1/v_A$	$1.0\times10^6\,\eta^{-1}(m/10^8)$	s
D_3/c	$1.2\times10^9(\dot{m}/0.1)^{5/3}(m/10^8)^{4/3}$	s
W_{max}	$2.9\times10^{22}z(\Gamma/20)(\dot{m}/0.1)^{4/3}(m/10^8)^{2/3}$	eV
L_{tot}	$1.2\times10^{45}(\dot{m}/0.1)(m/10^8)$	erg s^{-1}
L_A	$1.2\times10^{42}\eta(\dot{m}/0.1)(m/10^8)$	erg s^{-1}
L_γ	$1.2\times10^{41}(\eta\kappa/0.1)(\dot{m}/0.1)(m/10^8)$	erg s^{-1}
L_{UHECR}	$1.2\times10^{40}(\eta\kappa\zeta/10^{-2})(\dot{m}/0.1)(m/10^8)$	erg s^{-1}
L_{UHECR}/L_{tot}	$1.0\times10^{-5}(\eta\kappa\zeta/10^{-2})$	–
L_{UHECR}/L_γ	$1.0\times10^{-1}(\zeta/0.1)$	–

$\xi=L_J/L_{tot}$, $\eta=v_A Z_D/V_A$, $\kappa=E_{CR}/E_A$, and $\zeta=\ln(W_{max}/10^{20}\,\mathrm{eV})/\ln(W_{max}/W_{min})$

である。ここで $\zeta=\ln(W_{max}/10^{20}\,\mathrm{eV})/\ln(W_{max}/W_{min})$ である。

ジェットの中のポンダーモーティブ場は，イオンも電子も加速する。したがってAGNジェットは，強いガンマ線源になる。陽子と原子核の放射損失は磁場に平行に加速されている限りは，陽子が磁場の擾乱に出合った時でも無視できるが，電子の場合はそうはいかない。ガンマ線光度は，したがって

$$L\gamma \sim \kappa E_B v_A = 1.6\times10^{34}(\kappa/0.1)\eta\dot{m}m\ \mathrm{erg\ s}^{-1} \tag{33}$$

で与えられる。表1に降着超大質量ブラックホールとなる。主要なポンダーモーティブ／航跡場加速の主要な性質をまとめた。

7.4 天文学的な示唆とブレーザーの性質

相対論的ジェットで核とつながった電波ローブを持つ電波銀河はAGNの一種である。その中心エンジンは降着超巨大ブラックホール（$m=10^6$–10^{10}）である。Urry and Padovani[34] は相対論的なジェットが我々の方向に向かっているために，電波からガンマ線（10 GeV）までの広い範囲で速い時間変動を示し，さらに可視光と電波で偏光を示す。フェルミ衛星の最近の観測は，たくさんのブレーザーがGeVエネルギー範囲で強いガンマ線を放出していることを明らかにした。私たちは，電波銀河がほとんど間違いなくUHECRの線源であり，その性質がTajima-Dawson加速を基礎としたこの理論の予言とよく一致していることを明らかにした。まず，Ajello et al.[35] とBroderick[36] は，ビーム効果を考慮して，局所的ブレ

ーザーのガンマ線光度密度を 10^{37-38}erg s^{-1}(Mpc)$^{-3}$ と評価した。$L_{UHECR}/L_\gamma\sim\zeta\sim0.1$（上の表1を見よ），私たちの理論のUHECR粒子フラックスを全天にわたって平均すると

$$\overline{\Phi_{UHECR}}=7.6\times10^{-2}l_{\gamma37}(\zeta/0.1)(\tau_8/1.5)$$
$$\mathrm{particles}/(100\,\mathrm{km}^2\ \mathrm{yr\ sr}) \tag{34}$$

となる。

式(34)は，観測されたUHECRフラックスと一致する。ここで $l_{\gamma37}$ は局所ブレーザーのガンマ線光度（10^{37}erg s^{-1}(Mpc)$^{-3}$ 単位）で τ_8 は，UHECRの寿命（$10^8\times$年単位）である。後者は，GZK過程で決まっている。この過程はGreisen[37] とZatsepin and Kuzmin[38] が予言したもので，宇宙線がマイクロ波宇宙背景放射の格子と衝突して Δ^+ 粒子を作り，それが π^0 と $\pi^\pm$ に崩壊し，さらに光子電子，陽子，中性子そしてニュートリノに崩壊するチャンネルが開くために，宇宙線スペクトルの理論的な上限を 5×10^{19} eV に定めている。GZK過程から作られた宇宙起源ニュートリノ（UHEν）のフラックスは，

$$\overline{\Phi_{UHE\nu}}=5.4\times10^{-1}l_{\gamma37}(\zeta/0.1)(\tau/100)$$
$$\mathrm{particles}/(100\,\mathrm{km}^2\ \mathrm{yr\ sr}) \tag{35}$$

と計算できる。ここで，UHECRからUHEνへの変換効率を10%と仮定した。これは，$W_{max}=10^{21.5}$ の場合の先行研究と一致する[39]。最近のIce Cube実験によるPeVニュートリノの発見とも整合的である[40]。もし，PeVからZeV[41] のエネルギースペクトの指数が-2.2ならば。このレベルのUHEνフラックスは，JEM-EUSOのような 10^6 km^2 str yr[42~45] を実現する宇宙検出器や，次世代の南極のニュートリノ装置ANITA[46, 47] のようなもので観測可能である。

次に，ブレーザーは，すべての波長ですべての時間スケールで強い変動を示している。最も極端な場合，ガンマ線の時間変動の時間尺度は，非常に高いエネルギー（~100 GeV：VHE）では数分くらいまで短いものがある。このような時間変動は，複数のBL Lac天体で観測されている[39, 48~52]，一方で私たちのポンダーモーティブ加速機構は，アルフベン振動数（$2\pi/\omega_A\sim100s$）から，繰り返し時間（$1/v_A\sim$日）そして，ジェット内の伝搬時間（$D_2/c,\ 1\sim10^2$年）にわたるすべての時間尺度での急速な

時間変動を予言している。ガンマ線で観測された時間変動は，電子の変動加速の時間変動（電子のエネルギーは，放射エネルギー損失で，PeVに限定される[53, 54]）と整合的である。より短い時間変動もわれわれのモデルから期待される，というのは，上に述べたアルフベンパルスの中により細かい構造が埋め込まれているはずだからである。これらのブレーザーの観測との対応は，私たちのモデルに深く埋め込まれた自然な結果である。さらにBL Lac天体からFermi衛星が観測した，強いピーク時にスペクトル指数が減る現象はこれまで説明がなかったが，私たちの理論と整合的である[55]。

第3に，VLBAによる複数の時期の観測は，ガンマ線放射がパーセクサイズのジェットから放射されている強い証拠を提供している。高エネルギー電子の寿命は伝搬時間よりずっと短いので，それらは局所的に加速していなければならない。これは，ポンダーモーティブ加速の描像と一致している。というのは，電子の雲は局所的にポンダーモーティブ力によってジェットの中で加速しているからである。それらは，高いガンマ因子のために高い変動性を持った偏光したガンマ線を放射しているはずである。

私たちの計算によると，ガンマ線放射銀河のUHECRフラックスを

$$\Phi_{UHECR} = 3.5 \times 10^{-3} (\zeta/0.1)(\phi_\gamma/10^{-10} \text{ photons cm}^{-2} \text{ s}^{-1}) \times (\overline{E_\gamma}/1\,\text{GeV}) \text{ particles }/(100\,\text{km}^2\,\text{yr}) \quad (36)$$

と評価できる。もし，UHECRsとガンマ線の放射パターンが同じなら。ここでΦ_γはガンマ線放射フラックス，$\overline{E_\gamma}$は平均のガンマ線エネルギーである。私たちはGZK地平（≤70 Mpc，図2）の中に9つのガンマ線，放射AGNを発見した[56]。そのスペクトル指数は，−2から−2.8の間にあり，われわれの理論と整合的である。図2は，ガンマ線AGNの全天分布を表している。このフラックス値はJEM-EUSOのような検出器によるイベントのクラスターで解析の線源の同定が可能であることを示している。

7.5 天文学的な証拠と示唆

私たちは，AGNの中心エンジンである超大質量ブラックホールの周りの降着円盤から放射されるアルフベン・パルスから作られるポンダーモーティブ加速機構を導入した。これは，UHECRとそれに伴うガンマ線とその関係する性質，その光度，時間変化，そして構造を自然に説明することを見出した。Fermi加速機構によって極限的なZeVエネルギーを得ることに関する困難は，この新しい機構では存在しない。私たちはこの加速機構の天文学的示唆をいくつか示した。さらにいくつかのさらなる研究が必要な将来の研究領域を示した。それは，たとえば超高輝度アルフベンパルスの1−3次元の動力学研究を含んでいる。私たちは，われわれの航跡場の理論のUHECRイオンのジェットの中での加速と，それに付随する電子加速が航跡場の中のマイナス勾配部分で起こる自然な帰結であることを示した。もちろん，加速電子（そして陽電子）は航跡場の曲げる力とジェット内の磁場のためにとても放射を出しやすいので，ほとんどすべてのエネルギーは，直ちにガンマ線に変換される。これらのガンマ線はジェットの中のEMパルスの伝搬方向に放射される。したがって，AGNジェットの方向から見ると，強いガンマ線放射が見えることになる。つまり，ブレーザーは明るいガンマ線源であることが期待される。さらに，これらのガンマ線はガンマ線の放出機構に埋め込まれた時間変動を示すはずである。それは，ジェットの中の航跡場加速過程と，航跡場が磁気回転不安定（MRI）に惹起されたガス降着で作られ，その磁気的なショック構造が，時間構造を反映している。具体的には，ブレーザーからのバーストガンマ線の上昇時間は，アルフベン周期と強く結びついた航跡場の周期を表している。さらにそれは磁場のパルスの長さ，および降着するブロブのサイズに関係している。また，バースト上昇

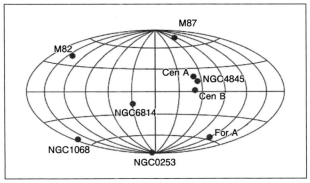

図2　ガンマ線放射AGN[56]の天空上の分布

レーザー航跡場加速

時間はMRIの成長時間に結びついている。一方，バースト同士の時間間隔は，磁場の構成時間，つまり降着円盤の回転周期（10 − 100倍）に結びついている。理論[15]から上昇時間と繰り返し時間が定量的に予言され，それらが，AGNブラックホールの質量に比例する。ガンマ線バーストのデータ[56~59]を見ると，それらは定量的に類似性を示している[60]。もしくは，これらの量を観測すれば，実際AGNブラックホールの質量を予言できる。これは有用である。というのは，普通，AGN（もしくはブレーザー）の質量を決める事は困難だからである。最近の一般相対論MHDシミュレーション[61]も同様に，この理論と整合的な特性を示している。MRIに関係した上昇時間と間欠的なバーストの間隔時間は，理論と整合的であり，さらにブレーザーのガンマ線観測が示しているものとも類似している。Ebisuzaki at al.[16]はその理論をAGNからマイクロクェーサーまで拡張している。

参考文献

1) T. Tajima and K. Shibata, "Plasma astrophysics," in *Plasma astrophysics/T. Tajima, K. Shibata. Reading, Mass.: Addison-Wesley, 1997. (Frontiers in physics; v. 98) QB462. 7. T35 1997*, 1997, vol. 1.

2) T. Tajima and J. Dawson, "Laser electron accelerator," *Phys. Rev. Lett.*, vol. 43, no. 4, p. 267, 1979.

3) T. Tajima, M. Kando, and M. Teshima, "Feeling the Texture of Vacuum Laser Acceleration toward PeV," *Prog. Theor. Phys.*, vol. 125, no. 3, pp. 617-631, 2011.

4) T. Tajima and A. Necas, "Robustness of waves with a high phase velocity," in *The Physics of Plasma-Driven Accelerators and Acceleration-Driven Fusion: The Proceedings of Norman Rostoker Memorial Symposium*, 2016, vol. 1721, p. 20006.

5) K. Kotera and A. V. Olinto, "The Astrophysics of Ultrahigh-Energy Cosmic Rays," *Annu. Rev. Astron. Astrophys.*, vol. 49, no. 1, pp. 119-153, 2011.

6) E. Fermi, "Galactic Magnetic Fields and the Origin of Cosmic Radiation.," *Astrophys. J.*, vol. 119, p. 1, 1954.

7) A. Hillas, "The origin of ultra-high-energy cosmic rays," *Annu. Rev. Astron. Astrophys.*, vol. 22, pp. 425-444, 1984.

8) E. Esarey, C. B. Schroeder, and W. P. Leemans, "Physics of laser-driven plasma-based electron accelerators," *Rev Mod Phys*, vol. 81, no. 3, pp. 1229-1285, Aug. 2009.

9) T. Tajima, "Laser acceleration and its future," *Proc. Jpn. Acad. Ser. B*, vol. 86, no. 3, pp. 147-157, 2010.

10) Y. Takahashi, L. Hillman, and T. Tajima, "Relativistic Lasers ans High Energy Astrophysics: Gamma Ry Bursts and Highest Energy Acceleration," in *High Field Science*, NY: Kluwer, 2000, p. 171.

11) P. Chen, T. Tajima, and Y. Takahashi, "Plasma wakefield acceleration for ultrahigh-energy cosmic rays," *Phys. Rev. Lett.*, vol. 89, no. 16, p. 161101, 2002.

12) E. Nakar, "Short-hard gamma-ray bursts," *Phys. Rep.*, vol. 442, no. 1,

pp. 166-236, 2007.

13) F.-Y. Chang, P. Chen, G.-L. Lin, R. Noble, and R. Sydora, "Magnetowave induced plasma wakefield acceleration for ultrahigh energy cosmic rays," *Phys. Rev. Lett.*, vol. 102, no. 11, p. 111101, 2009.

14) B. Rau and T. Tajima, "Strongly nonlinear magnetosonic waves and ion acceleration," *Phys. Plasmas 1994-Present*, vol. 5, no. 10, pp. 3575-3580, 1998.

15) K. Holcomb and T. Tajima, "A mechanism for gamma-ray bursts by Alfvén-wave acceleration in a nonuniform atmosphere," *Astrophys. J.*, vol. 378, pp. 682-686, 1991.

16) T. Ebisuzaki and T. Tajima, "Astrophysical ZeV acceleration in the relativistic jet from an accreting supermassive blackhole," *Astropart. Phys.*, vol. 56, pp. 9-15, 2014.

17) T. Ebisuzaki and T. Tajima, "Pondermotive acceleration of charged particles along the relativistic jets of an accreting blackhole," *Eur. Phys. J. Spec. Top.*, vol. 223, no. 6, pp. 1113-1120, 2014.

18) K. Shibata, T. Tajima, and R. Matsumoto, "Magnetic accretion disks fall into two types," *Astrophys. J.*, vol. 350, pp. 295-299, 1990.

19) S. M. O'Neill, C. S. Reynolds, M. C. Miller, and K. A. Sorathia, "Low-frequency oscillations in global simulations of black hole accretion," *Astrophys. J.*, vol. 736, no. 2, p. 107, 2011.

20) R. Matsumoto and T. Tajima, "Magnetic viscosity by localized shear flow instability in magnetized accretion disks," *Astrophys. J.*, vol. 445, pp. 767-779, 1995.

21) R. D. Blandford and R. L. Znajek, "Electromagnetic extraction of energy from Kerr black holes," *Mon. Not. R. Astron. Soc.*, vol. 179, no. 3, pp. 433-456, 1977.

22) N. I. Shakura and R. Sunyaev, "Black holes in binary systems. Observational appearance.," *Astron. Astrophys.*, vol. 24, pp. 337-355, 1973.

23) F. Mako and T. Tajima, "Collective ion acceleration by a reflexing electron beam: Model and scaling," *Phys. Fluids*, vol. 27, no. 7, p. 1815, 1984.

24) M. Ashour-Abdalla, J. Leboeuf, T. Tajima, J. Dawson, and C. Kennel, "Ultrarelativistic electromagnetic pulses in plasmas," *Phys. Rev. A*, vol. 23, no. 4, p. 1906, 1981.

25) T. Esirkepov, M. Borghesi, S. Bulanov, G. Mourou, and T. Tajima, "Highly efficient relativistic-ion generation in the laser-piston regime," *Phys. Rev. Lett.*, vol. 92, no. 17, p. 175003, 2004.

26) T. Z. Esirkepov, Y. Kato, and S. Bulanov, "Bow wave from ultraintense electromagnetic pulses in plasmas," *Phys. Rev. Lett.*, vol. 101, no. 26, p. 265001, 2008.

27) A. Pirozhkov *et al.*, "Soft-X-ray harmonic comb from relativistic electron spikes," *Phys. Rev. Lett.*, vol. 108, no. 13, p. 135004, 2012.

28) G. A. Mourou, T. Tajima, and S. V. Bulanov, "Optics in the relativistic regime," *Rev Mod Phys*, vol. 78, no. 2, pp. 309-371, Apr. 2006.

29) K. Asada and M. Nakamura, "The structure of the M87 jet: A transition from parabolic to conical streamlines," *Astrophys. J. Lett.*, vol. 745, no. 2, p. L28, 2012.

30) T. Tajima, "Laser acceleration and its future," *Proc. Jpn. Acad. Ser. B*, vol. 86, no. 3, pp. 147-157, 2010.

31) S. Ichimaru, "Basic principles of plasma physics," 1973.

32) V. Berezhiani and I. Murusidze, "Relativistic wake-field generation by an intense laser pulse in a plasma," *Phys. Lett. A*, vol. 148, no. 6-7, pp. 338-340, 1990.

33) K. Mima, W. Horton, T. Tajima, A. Hasegawa, Y. Ichikawa, and T. Tajima, "Nonlinear Dynamics, and Particle Acceleration," *AIP NY*, p. 27, 1991.

34) C. Urry and P. Padovani, "Altered luminosity functions for relativistically beamed objects. II-Distribution of Lorentz factors and parent populations with complex luminosity functions," *Astrophys. J.*, vol. 371, pp. 60-68, 1991.

35) M. Ajello *et al.*, "The luminosity function of Fermi-detected flat-spectrum radio quasars," *Astrophys. J.*, vol. 751, no. 2, p. 108, 2012.

36) A. E. Broderick, P. Chang, and C. Pfrommer, "The cosmological impact of luminous TeV blazars. I. Implications of plasma instabilities for the intergalactic magnetic field and extragalactic gamma-ray background," *Astrophys. J.*, vol. 752, no. 1, p. 22, 2012.

37) K. Greisen, "End to the cosmic-ray spectrum?," *Phys. Rev. Lett.*, vol. 16, no. 17, p. 748, 1966.

38) G. T. Zatsepin and V. A. Kuz'min, "Upper limit of the spectrum of cosmic rays," *ZhETF Pisma Redaktsiiu*, vol. 4, p. 114, 1966.

39) K. Kotera, D. Allard, and A. V. Olinto, "Cosmogenic neutrinos: parameter space and detectabilty from PeV to ZeV," *J. Cosmol. Astropart. Phys.*, vol. 2010, no. 10, p. 13, 2010.

40) M. G. Aartsen *et al.* (IceCube Collaboration), "Evidence for High-Energy Extraterrestrial Neutrinos at the IceCube Detector", Science 342 (2013) 1242856.

41) S. Barwick *et al.*, "Constraints on cosmic neutrino fluxes from the antarctic impulsive transient antenna experiment," *Phys. Rev. Lett.*, vol. 96, no. 17, p. 171101, 2006.

42) Y. Takahashi, J.-E. Collaboration, and others, "The Jem-Euso Mission," *New J. Phys.*, vol. 11, no. 6, p. 65009, 2009.

43) F. Kajino, J.-E. collaboration, and others, "The JEM-EUSO mission to explore the extreme Universe," *Nucl. Instrum. Methods Phys. Res. Sect. Accel. Spectrometers Detect. Assoc. Equip.*, vol. 623, no. 1, pp. 422-424, 2010.

44) A. Santangelo, K. Bittermann, T. Mernik, and F. Fenu, "Space based studies of UHE neutrinos," *Prog. Part. Nucl. Phys.*, vol. 64, no. 2, pp. 366-370, 2010.

45) P. Gorodetzky, "Status of the JEM EUSO telescope on International Space Station," *Nucl. Instrum. Methods Phys. Res. Sect. Accel. Spectrometers Detect. Assoc. Equip.*, vol. 626, pp. S40-S43, 2011.

46) P. Allison *et al.*, "Design and initial performance of the Askaryan Radio Array prototype EeV neutrino detector at the South Pole," *Astropart. Phys.*, vol. 35, no. 7, pp. 457-477, 2012.

47) S. W. Barwick, "Performance of the ARIANNA Prototype Array," in *Proceedings, 33rd International Cosmic Ray Conference (ICRC2013): Rio de Janeiro, Brazil, July 2-9, 2013*, p. 825.

48) R. Hartman *et al.*, "The third EGRET catalog of high-energy gamma-ray sources," *Astrophys. J. Suppl. Ser.*, vol. 123, no. 1, p. 79, 1999.

49) J. Gaidos *et al.*, "Extremely rapid bursts of TeV photons from the active galaxy Markarian 421," 1996.

50) J. Albert *et al.*, "Discovery of very high energy γ-ray emission from the low-frequency-peaked BL lacertae object BL lacertae," *Astrophys. J. Lett.*, vol. 666, no. 1, p. L17, 2007.

51) J. Aleksić *et al.*, "MAGIC discovery of very high energy emission from the FSRQ PKS 1222+ 21," *Astrophys. J. Lett.*, vol. 730, no. 1, p. L8, 2011.

52) S. Saito, Y. Tanaka, T. Takahashi, G. Madejski, F. D'Ammando, and others, "Very Rapid High-amplitude Gamma-Ray Variability in Luminous Blazar PKS 1510-089 Studied with Fermi-LAT," *Astrophys. J. Lett.*, vol. 766, no. 1, p. L11, 2013.

53) A. Deng *et al.*, "Electron beam dynamics and self-cooling up to PeV level due to betatron radiation in plasma-based accelerators," *Phys. Rev. Spec. Top.-Accel. Beams*, vol. 15, no. 8, p. 81303, 2012.

54) A. Deng *et al.*, "Generation of Preformed Plasma Channel for GeV-Scaled Electron Accelerator by Ablative Capillary Discharges," *Plasma Sci. Technol.*, vol. 13, no. 3, p. 362, 2011.

55) A. Abdo *et al.*, "Spectral properties of bright Fermi-detected blazars in the gamma-ray band," *Astrophys. J.*, vol. 710, no. 2, p. 1271, 2010.

56) Acker man, M. *et al.*, "The second catalog of active galactic nuclei detected. by the Fermi Large Area Telescope," *Astrophys. J.*, 743 (2011), 171.

57) M. Lister *et al.*, "MOJAVE: Monitoring of Jets in Active Galactic Nuclei with VLBA Experiments. V. Multi-Epoch VLBA Images," *Astron. J.*, vol. 137, no. 3, p. 3718, 2009.

58) A. P. Marscher *et al.*, "Probing the inner jet of the quasar PKS 1510-089 with multi-waveband monitoring during strong gamma-ray activity," *Astrophys. J. Lett.*, vol. 710, no. 2, p. L126, 2010.

59) M. Lyutikov and M. Lister, "Resolving doppler-factor crisis in active galactic nuclei: Non-steady magnetized outflows," *Astrophys. J.*, vol. 722, no. 1, p. 197, 2010.

60) N. Canac, K. Abazajian, T. Tajima, T. Ebisuzaki, and S. Horiuchi, "Observational signatures of the gamma rays from bright blazars as interpreted from the wakefield theory," 2016, submitted to MNRAS.

61) A. Mizuta, T. Ebisuzaki, T. Tajima, and S. Nagataki, "Production of intense episodic Alfvén pulses: GRMHD simulation of black hole accretion discs," 2018, Monthly Notices of Royal Astronomical Society, 479, 2534-2546.

※2019年4月10日，国立天文台は世界初のブラックホールの撮影に成功したと発表した。本稿でも降着ブラックホールの詳細が述べられているが，今回の撮影成功を受けて次ページにおいて，コメントを掲載する。

■ レーザー航跡場加速

楕円銀河 M87 の中心にある巨大ブラックホールの撮影に成功

カリフォルニア大学アーバイン校　　理化学研究所
田島俊樹　　　　　　　　　　　　戎崎俊一

M87は，我々が住む天の川銀河に最も近いおとめ座銀河団の中心に位置する巨大な楕円銀河である。その銀河の中心からプラズマが噴出していてジェットと言われている（左上の画像の中心から右に伸びる帯）。その根元には太陽の65億倍の質量を持つブラックホールがあると考えられてきた（図1右上）。2019年4月10日，イベント・ホライズン・テレスコープの研究チームは，このジェットの根元を地球上の8つの電波望遠鏡で観測し，M87の中心にある巨大ブラックホールを初めて撮像することに成功したと発表した（図1下）。

この画像には，ブラックホールそのもの（中心の暗い部分）と，落ち込みつつあるガスが作る降着円盤の内縁（円環状の明るいところ）が撮影されていると考えられる（図1参照）。

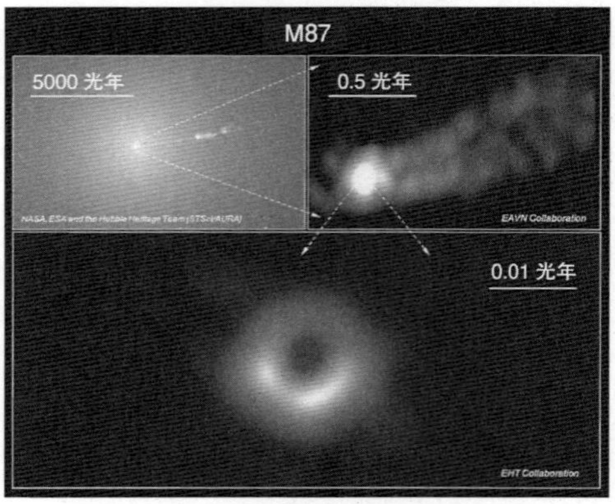

図2は我々のモデルの基礎となるブラックホールのモデル図である。このモデルでは，ブラックホールと降着円盤の付け根からジェットが発生し，降着する物質がジェットに衝突する衝撃でジェット中に航跡場が生まれ，荷電粒子を極限エネルギー（10^{21} eV）まで加速する。これが当章で詳説した事である。この理論によれば，この円盤の内縁部分が，数ヶ月から数年の時間で変動すると思われる。今後の観測が楽しみである。

図1　楕円銀河M87の中心に位置する巨大ブラックホールの画像（下）。このブラックホールからプラズマが噴出してジェットを形成している（左上）。その根元には太陽の65億倍の質量を持つ巨大ブラックホールがあると考えられてきた（右上）。
https://www.nao.ac.jp/news/science/2019/20190410-eht.html

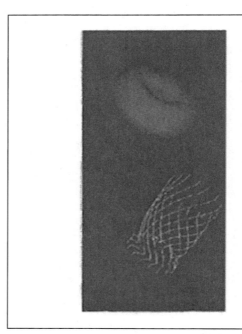

図2　Tajima and Shibata (2002) によるブラックホールのモデル図。Tajima, T. and Shibata, K. Plasma Astrophysics, 2002, The Advanced Book Program, Perseus Publishing, Cambridge Masachusetts.

レーザー航跡場加速の X線およびγ線源への応用

翻訳：（国研）理化学研究所　**佐藤 智哉**

8 レーザー航跡場加速の X線およびγ線源への応用

　レーザー航跡場加速（laser wake field acceleration, LWFA）は高エネルギーの光をコンパクトな装置で発生させる前例の無い技術であり，かつそのビームは超短パルス，超低エミッタンス等の特性を持つことから，非常にコンパクトなX線やγ線源への応用が期待されている。例えばLFWAはX線領域を含む高振動数ベータトロン放射を励起する[1~3]。また，レーザーコンプトンX線やγ線は，シンクロトロンX線が輝度を失い始める高エネルギー領域（i.e. >100 keV）をはるかに超えるエネルギーを持ち，しかも簡単にエネルギーを変えることが出来る非常に重要な手法である[4~8]。さらに，極めて線幅の狭いX線やγ線が生成できることも特徴である。この特徴によってLWFAは核光学の分野において大変重要な役割を担うと考えられる[9]。また，LWFA加速された電子線を別のレーザー光と衝突させることによって，全光学的なレーザーコンプトンX線も実現可能で[10,11]，さらにはLWFAで加速された電子を磁場アンジュレータに入射し自由電子レーザー（free electron laser, FEL）でX線を生成することもできる。このためのアンジュレータは例えば別のレーザーパルスのような大振幅の電磁場で生成されうる。この章では特にLWFAによって駆動される自由電子レーザーについて概説し，その他の手法については他の文献に譲る。

8.1 極紫外光源のための自己増幅自然放射FEL

　回折限界で決まる光学系の分解能が向上するため，波長が約50 nmより短い極紫外光（"EUV"），特に約13.5 nmかそれ以下の光は半導体集積回路の小型化に寄与するマイクロリソグラフィーへの応用が期待される。この極紫外リソグラフィー（EUVL）と呼ばれる技術によって，波長248 nmや193 nmの深紫外（DUV）光を用いる従来の光リソグラフィーでは不可能であった30 nm以下の分解能が実現できる。

　波長13.5 nmの高強度EUV光を作るための現在の技術はレーザー発生プラズマ（LPP）と呼ばれ，レーザーのエネルギーを溶けたスズ（Sn）の液滴のような線源の素材に与え，イオン化ガスの電子温度が数十eVのマイクロ電子プラズマを生成するものである。現在LPP線源はその大規模生産（HVM）への適用において，効率が低いこと，波長が飛び飛びで限られていること，EUV光学系の保護のためにプラズマ破片の低減が必須であることなど深刻な問題を抱えている。FELに基づく線源は，波長選択性，高効率や高出力という点において現状のLPP線源よりも明らかな長所を持つ。FELではプラズマ破片にまつわる問題はそもそも全く存在せず，反射率が約70％に制限される多層膜コーティングの反射集光器を使用する必要もない。

　これまで提案された平均出力kWのEUV光を生成するEFL[12]は，ラジオ波ベースの線形加速器（RF linac）からの1 GeVオーダーの高エネルギー電子ビームを用い

■ レーザー航跡場加速

る。RFリニアックは，高輝度電子入射器，バンチ幅を圧縮するための数段の磁気バンチ圧縮システム，加速勾配10 MV/mオーダーの常温または超伝導のRF共振器，ビーム輸送系，そしてそれらに続く最終段の全長30 mのアンジュレータで構成される。相対論的な電子のバンチは，アンジュレータ内の互い違いの磁場によって正弦波状の軌道を描き，マイクロバンチングによる自己増幅自然放出（SASE）と呼ばれる過程によってEUVをコヒーレントに放射する。RF加速器駆動FELを用いたEUV線源全体の大きさは，線形加速器を使用する場合は長さ250 m，電子を周回させる場合は長さ120 m，幅60 mとなると考えられる。このような施設を構築・運用するための信じられないほど莫大な費用は，FELを用いたEUV線源の次世代リソグラフィー技術としての産業的実現を阻むものとなると考えられる。加速器，超伝導RF（SRF）のための低温施設，アンジュレータや土木工事等を含む施設の建設に200 M€，さらに電気代，クライストロン，光学系，検出器，一般的なメンテナンスやSRFの修理とヘリウムの供給などに20 M€/年の運営費が見込まれる。

FELを用いたEUV光源のデザインは以下に述べる一次元FEL理論[13]に基づく：ピーク磁場強度B_u，周期λ_uのアンジュレータ内でのFEL増幅は，次式で与えられる共鳴波長λ_Xで起こる。

$$\lambda_X = \lambda_u \left(1 + K_u^2/2\right) / \left(2\gamma^2\right) \tag{1}$$

$\gamma = E_b / m_e c^2$はエネルギーE_bの電子ビームの相対論的因子，$K_u = 0.934\, B_u[\text{T}]\,\lambda_u[\text{cm}] = \gamma \theta_e$は電子の最大偏向角$\theta_e$に関連するアンジュレータパラメータである。SASE FELでの運転に必要な高利得領域ではPierceパラメータρ_{FEL}が重要である。

$$\rho_{\text{FEL}} = \left(2\gamma\right)^{-1} \left(I_b / I_A\right)^{1/3} \left[\lambda_u K_u A_u / \left(2\pi\sigma_b\right)\right]^{2/3} \tag{2}$$

I_bはビーム電流，$I_A = 17$ kAはAlfvén電流，σ_bは電子バンチの横方向二乗平均平方根（r.m.s.）サイズである。結合因子はヘリカルなアンジュレータで$A_u = 1$，板状のアンジュレータで$\Xi = K_u^2 / \left[4\left(1 + K_u^2/2\right)\right]$，$J_0(\Xi)$と$J_1(\Xi)$を第一種ベッセル関数として$A_u = J_0(\Xi) - J_1(\Xi)$である。もう一つの重要な無次元パラメータはPierceパラメータで正規化したビームの縦方向速度広がりΛで

$$\Lambda^2 = \rho_{\text{FEL}}^{-2} \left\{\left(\sigma_\gamma / \gamma\right)^2 + \left(\varepsilon_n^4 / \sigma_b^4\right)\left[2\left(1 + K_u^2/2\right)\right]^{-2}\right\} \tag{3}$$

として与えられる。ここで，σ_γ / γは相対論的r.m.s.エネルギー広がり，ε_nは正規化されたエミッタンスである。z方向の伝播距離に対して$\exp(2z/L_{\text{gain}})$に従って指数関数的に強度が上昇するe倍ゲイン長L_{gain}は

$$L_{\text{gain}} = \lambda_u \left(1 + \Lambda^2\right) / \left(4\sqrt{3}\pi\rho_{\text{FEL}}\right) \tag{4}$$

となる。ゲイン長を最小化するためにはPierceパラメータρ_{FEL}を大きくするか，正規化されたビームの縦方向速度広がりΛを1より十分小さくする必要がある。これはすなわち十分小さなエネルギー広がりσ_γ / γと$\varepsilon = \varepsilon_n / \gamma$を実現することに他ならない。これらはある程度小さなビームサイズσ_bで，

$$B = 16\sqrt{2}\pi^2\gamma^{3/2} A_u K_u \sigma_b^2 \left(I_b / I_A\right)^{1/2} \lambda_u^{-2} \left(1 + K_u^2/2\right)^{-3/2} \tag{5}$$

で定義される回折パラメータが$B \gg 1$となるような場合に適用できる。増幅を飽和させるのに必要な飽和長さL_{sat}は

$$L_{\text{sat}} = L_{\text{gain}} \ln\left[\left(P_{\text{sat}} / P_{\text{in}}\right)\left(\Lambda^2 + 3/2\right) / \left(\Lambda^2 + 1/6\right)\right] \tag{6}$$

で与えられる。ここでP_{in}とP_{sat}は入射と飽和パワーを表す。P_{in}とP_{sat}は，電子ビームのパワーP_bと

$$\begin{aligned} P_b &= \gamma I_b m_e c^2 = I_b E_b, \\ P_{\text{sat}} &\cong 1.37\, \rho_{\text{FEL}} P_b \exp\left(-0.82\Lambda^2\right), \\ P_{\text{in}} &\cong 3\sqrt{4\pi}\rho_{\text{FEL}}^2 P_b \left[N_{\lambda_x} \ln\left(N_{\lambda_x} / \rho_{\text{FEL}}\right)\right]^{-1/2} \end{aligned} \tag{7}$$

の関係がある。ここでN_{λ_x}は波長あたりの電子の数で，$N_{\lambda_x} = I_b \lambda_X / (ec)$によって与えられる。

8.2 LWFA駆動 EUV FEL

ここではアンジュレータ周期$\lambda_u = 15$ mm，ギャップ$g = 3$ mm，即ちギャップと周期の比$g/\lambda_u = 0.2$のアンジュレータを用いた波長$\lambda_x = 13.5$(6.7) nmのLWFAで駆動されるFEL EUV光源のデザイン例を示す。FELを用いたEUV光源では，互い違いの双極子磁石による板状アンジュレータ，例えば$Nd_2Fe_{14}B$（Nd-Fe-B）のブロックで構成された全永久磁石（PPM）のアンジュレータや，PPMと強磁性体，例えばバナジウムパーメンジュール合金な

どの高飽和コバルト鋼や純鉄の組み合わせが使用される。ハイブリッドアンジュレータでは，ポールと磁石の厚みはピーク磁場が最大になるように最適化される。ギャップ中のピーク磁場B_uはギャップgと周期λ_uを用いると，$0.1 < g/\lambda_u < 1$であるとき$B_u = a[\mathrm{T}]\exp[b(g/\lambda_u) + c(g/\lambda_u)^2]$となる。バナジウムパーメンジュールを用いたハイブリッドアンジュレータでは$a = 3.694$ T, $b = -5.068$, $c = 1.520$となる[13]。N52グレードのNd-Fe-BとCo-Fe鍛造合金（バナジウムパーメンジュール）等の強磁性体を用いたハイブリッドアンジュレータは$B_u \approx 1.425$ Tのピーク磁場を作り出す。対応するアンジュレータのパラメータは$\lambda_u = 20$ mmのとき$K_u = 0.1331\lambda_u = 2.0$となる。従って，$\lambda_X = 13.5(6.7)$ nmのEUV放射光を得るために必要な電子ビームのエネルギーE_bは式(1)から$\gamma = 1290(1830)$で，$E_b = 659(935)$ MeVとなる。レーザープラズマ加速器は例えば電子の電荷$Q_b = 0.5$ nC，バンチ幅$\tau_b \sim 10$ fsで$I_A = 50$ kAの高ピーク電流のビームを生成可能である。

　狭いエネルギー広がりを持つ準単色の電子ビームの生成に成功したほとんどのレーザープラズマ加速実験は自己入射，そして波長λ_L，ピークパワーP_L，強度I_L，収束スポット径がr_Lであるレーザー光の正規化されたベクトルポテンシャルが，直線偏光であれば$a_0 \approx 8.55 \times 10^{-10}(I_L[\mathrm{W/cm}^2])^{1/2}\lambda_L[\mu\mathrm{m}]$で特徴付けられるようなバブル領域における加速機構を用いて説明されてきた[14, 15]。これらの実験において電子はしばしばバブルとして言及される非線形の航跡場，すなわち線形領域での周期的なプラズマ波に変わってレーザーパルスの後ろに形成される細い電子のシースに取り囲まれた球状のイオンの塊で構成される電子プラズマの共振空洞に自己入射される。バブル（ブローアウト）領域[14]における非線形航跡場の現象論は速度v_Bでプラズマ中を運動するバブルの座標系での加速航跡場$E_z(\xi)/E_0 \approx (1/2)k_p\xi$を用いて記述される。ここで，$\xi = z - v_B t$で，$k_p = \omega_p/c = (4\pi r_e n_e)^{1/2}$はプラズマ周波数$\omega_p$，非摂動的な軸上電子密度$n_e$，古典電子半径$r_e = e^2/mc^2$を用いて求められるプラズマの波数であり，そして$E_0 = mc\omega_p/e$はほぼ$E_0 \approx 96[\mathrm{GV/m}](n_e/10^{18}[\mathrm{cm}^{-3}])^{1/2}$となる非相対論的な砕波場である。$a_0 \geq 2$のバブル領域では，電子が存在しない空洞の形は，電子のシースに囲まれたイオン球が作るローレンツ力とレーザーパルスによるポンデロモーティブ力（動重力）との釣り合いで決定される

ため，バブルの半径R_Bは近似的に$k_p R_B \approx 2a_0^{1/2}$で与えられる[15]。従って，最大の加速場は$E_{z0}/E_0 = (1/2)\alpha k_p R_B$である。$\alpha$はビームの入射効果による加速場の減衰を考慮する因子である。

　駆動レーザーパルスが一様な密度を持つプラズマ中を進む自己収束航跡場加速器について考察する。正規化エネルギー$\gamma = E_b/mc^2$および縦方向速度$\beta_z = v_z/c$の電子の縦方向の運動方程式は近似的に以下のように書ける[16]。

$$
\begin{aligned}
d\gamma/dz &= (1/2)\alpha k_p^2 R_B(1 - \xi/R_B), \\
d\xi/dz &= 1 - \beta_B/\beta_z \approx 1 - \beta_B \approx 3/(2\gamma_g^2)
\end{aligned}
\tag{8}
$$

ここで$\xi = z - v_B t (0 \leq \xi \leq R_B)$は$v_B = c\beta_B \approx v_g - v_{\mathrm{etch}}$の速度で運動するバブルの縦方向の座標系で，速度$v_{\mathrm{etch}} \sim ck_p^2/k^{2}$[15]で波面後退する波数$k$のレーザーパルスの先端における回折ロスを考慮し，また，$\gamma_g = (1 - \beta_g^2)^{-1/2} \approx k/k_p \gg 1$であると仮定している。式(8)を積分することで電子のエネルギーと位相が以下のように計算できる[16]。

$$
\begin{aligned}
\gamma(z) &= \gamma_0 + (1/3)\alpha\gamma_g^2 k_p^2 R_B \xi(z)\left[1 - \xi(z)/(2R_B)\right], \\
\xi(z) &= 3z/(2\gamma_g^2)
\end{aligned}
\tag{9}
$$

ここで$\gamma_0 = \gamma(0)$は電子の入射エネルギーである。従って，最大のエネルギーゲインは$\xi = R_B$のときに得られ，

$$
\begin{aligned}
\Delta\gamma_{\max} &= \gamma_{\max} - \gamma_0 \approx (1/6)\alpha\gamma_g^2 k_p^2 R_B^2 \\
&\approx (2/3)\alpha a_0 \gamma_g^2 = (2/3)\alpha\kappa_c a_0 (n_c/n_e)
\end{aligned}
\tag{10}
$$

となる。κ_cは一様なプラズマ中における自己収束パルスの群速度の相対論因子への補正係数である。すなわち，$\gamma_g^2 = (1 - \beta_g^2)^{-1} \approx \kappa_c k^2/k_p^2 = \kappa_c n_c/n_e$である。

$$
\kappa_c = \frac{a_0^2}{8}\left(\sqrt{1 + a_0^2/2} - 1 - \ln\frac{\sqrt{1 + a_0^2/2} + 1}{2}\right)^{-1}
\tag{11}
$$

となり，そして$n_c = m\omega_L^2/4\pi e^2 = \pi/(r_e \lambda_L^2) \approx 1.115 \times 10^{21}[\mathrm{cm}^{-3}]\lambda_L^{-2}$は臨界プラズマ密度である。自己収束バブル領域での脱位相長L_{dp}は次のように与えられる。

$$
k_p L_{\mathrm{dp}} \approx (2/3)k_p R_B \gamma_g^2 = (4/3)\sqrt{a_0}\kappa_c(n_c/n_e)
\tag{12}
$$

エネルギーゲインE_b GeVが与えられたとき，プラズマ密度の条件は式(10)により以下となる。

$$
n_e[\mathrm{cm}^{-3}] \approx 3.8 \times 10^{17}\kappa_c a_0 \lambda_L^{-2}(E_b/\alpha)^{-1}
\tag{13}
$$

■ レーザー航跡場加速

脱位相長と等しい加速器の全長は

$$L_{\mathrm{acc}} = L_{\mathrm{dp}}\,[\mathrm{mm}] \approx 35\left(\kappa_c^{1/2}a_0\right)^{-1}\lambda_L\left(E_b/\alpha\right)^{3/2} \quad (14)$$

で，パルス先端の崩壊によるポンプ減衰長 $L_{\mathrm{pd}}=c\tau_L\,n_c/n_e$ は

$$L_{\mathrm{pd}}\,[\mathrm{mm}] \approx 25\left(\kappa_c a_0\right)^{-1}\left(\tau_L/30\,\mathrm{fs}\right)\left(E_b/\alpha\right) \quad (15)$$

と表される。脱位相長はポンプ減衰長よりも短く，すなわち $L_{\mathrm{pd}} \geq L_{\mathrm{dp}}$ とならなければならない。従って自己収束のために必要な駆動レーザーパルスのパルス幅は

$$\tau_L\,[\mathrm{fs}] \geq 40\kappa_c^{1/2}\lambda_L\left(E_b/\alpha\right)^{1/2} \quad (16)$$

である。適合レーザースポットの半径は

$$r_m\,[\mu\mathrm{m}] \approx 8.7 R_m\lambda_L\left(\kappa_c a_0\right)^{-1/2}\left(E_b/\alpha\right)^{1/2} \quad (17)$$

である。$R_m \equiv k_p r_L$ は無次元の適合レーザースポット径であり以下で与えられる[16]。

$$R_m = \left\{ \frac{\ln\left(1+a_0^2/2\right)}{\sqrt{1+a_0^2/2}-1-2\ln\left[\left(\sqrt{1+a_0^2/2}+1\right)/2\right]} \right\}^{1/2} \quad (18)$$

$P_c\,[\mathrm{TW}]=0.017 n_c/n_e$ として，これに対応する適合レーザー強度 $P_L=\left(k_p^2 r_L^2 a_0^2/32\right)P_c$ は

$$P_L\,[\mathrm{TW}] \approx 1.56\left(a_0 R_m^2/\kappa_c\right)\left(E_b/\alpha\right) \quad (19)$$

となる。必要なパルスのエネルギー $U_L=P_L\tau_L$ は

$$U_L\,[\mathrm{mJ}] \geq 63\left(a_0 R_m^2/\kappa_c^{1/2}\right)\lambda_L\left(E_b/\alpha\right)^{3/2} \quad (20)$$

である。

　レーザー航跡場加速では，加速された電子は自分自身で航跡場を引き起こし，レーザー駆動航跡場を相殺してしまう。ビームの入射効率 $\eta_b \equiv 1-E_z^2/E_M^2$ を，横方向のr.m.s.サイズ σ_b の電子バンチ内の電子に吸収されるプラズマ波のエネルギーの割合と定義すると，ビームが入射された際の場は $E_z \equiv \sqrt{1-\eta_b}\,E_M = \alpha E_M$ で与えられる。E_M はビーム入射なしの加速場で，$a_0 \geq 2$ のバブル領域では $E_M \approx a_0^{1/2}E_0$ である。従って入射電荷は以下のように計算される[17]。

$$Q_b \cong \frac{e}{4K_L r_e}\frac{\eta_b k_p^2\sigma_b^2}{1-\eta_b}\frac{E_z}{E_0}\left(\frac{n_c}{n_e}\right)^{\frac{1}{2}}$$
$$\approx 76\,[\mathrm{pc}]\frac{\eta_b a_0^{1/2}\kappa_p^2\sigma_b^2}{\sqrt{1-\eta_b}}\left(\frac{n_e}{10^{18}\,\mathrm{cm}^{-3}}\right)^{-\frac{1}{2}} \quad (21)$$

式(13)のプラズマ密度を用いると，入射電荷は

$$Q_b\,[\mathrm{pc}] \approx 123\left(1-\alpha^2\right)\kappa_p^2\sigma_b^2\lambda_L\left(\alpha^3\kappa_c\right)^{-1/2}E_b^{1/2} \quad (22)$$

である。すなわち Q_b pc の電荷をエネルギー E_b GeV まで加速する際の加速場の減少係数 α は，次の式

$$\alpha^2 + C\alpha^{3/2} - 1 = 0 \quad (23)$$

を解くことによって得られる。ここで係数 C は次のように定義される。

$$C \equiv \left(Q_b/123\right)\kappa_c^{1/2}\left(\kappa_p^2\sigma_b^2\lambda_L\right)^{-1}E_b^{-1/2} \quad (24)$$

　圧縮された後にガスセルの入り口に向かって収束される波長 $\lambda_L=1$ μm のレーザーパルスは，正規化レーザー場 $a_0=2$ とすると $I_L=5.5\times10^{18}$ Wcm^{-2} の強度に相当する。ガスセル内でのこのようなレーザーの自己収束には群速度補正係数 $\kappa_c=1.19$ と適合スポット半径 $R_m \equiv k_p r_m=3.2$ が必要である。入射電荷 Q_b による航跡場減少係数 α は式(23)から計算でき，電子ビーム径 $k_p\sigma_b=1$ のときは係数 $C=5.5$ (4.6)，そして $\alpha=0.302$(0.335) である。

　FEL動作のためのカップリング係数 $A_u(\Xi)=J_0(\Xi)-J_1(\Xi)$ は $\Xi=K_u^2/\left[4(1+K_u^2/2)\right]=0.3329$ のとき $A_u=0.8083$ となる。電子バンチの横方向r.m.s.サイズはアンジュレータ内部で $\sigma_b=25$ μm となるが，これは通常 1 μm のオーダーとなるレーザープラズマ加速器が生成する電子ビームの正規化エミッタンス ε_n よりも十分大きい。波長あたりの電子の個数 $N_{\lambda_x}=1.4\times10^7$ でピーク電流 $I_b=50$ kA，そして回折パラメータ $B\gg1$ を満たす主LPAとFELのパラメータは，表1のようにそれぞれ式(13)〜(24)そして式(1)〜(7)から見積もることが出来る。ここで縦方向速度広がり Λ を式(3)で与えられるように $\sigma_r/\gamma \approx \rho_{\mathrm{FEL}}$ とするために $\Lambda \approx 1$ とする。このとき e 倍ゲイン長は $L_{\mathrm{gain}}=\lambda_u/\left(2\sqrt{3}\pi\right)\rho_{\mathrm{FEL}}$，飽和パワーは $P_{\mathrm{sat}} \cong 0.6\rho_{\mathrm{FEL}}P_b$，そして飽和長は $L_{\mathrm{sat}}=L_{\mathrm{gain}}\ln(15 P_{\mathrm{sat}}/7P_{\mathrm{in}})$ となる。$P_{\mathrm{sat}}/P_{\mathrm{in}}=0.056\rho_{\mathrm{FEL}}\left[\left(N_{\lambda_x}/\rho_{\mathrm{FEL}}\right)\ln\left(N_{\lambda_x}/\rho_{\mathrm{FEL}}\right)\right]^{1/2}$ である。放射のスペクトルバンド幅はアンジュレータの全周期数 N_u を用いて $\Delta\lambda_x/\lambda_x \sim 1/N_u$ と書ける。

放射の円錐角のr.m.s.は$\theta_X = (1 + K_u^2/2)^{1/2}/(2\gamma\sqrt{N_u})$と見積もられる。繰り返し周波数$f_{rep}$での平均パワーは放射の継続時間を$\tau_X \approx \tau_b \sim 10$ fsと仮定すると$P_{av} \sim P_{sat}\tau_X f_{rep}$と見積もられる。

平均EUV強度P_{EUV}を得るために必要な繰り返し周波数f_{rep}は$f_{rep} \approx P_{EUV}/(P_{sat}\tau_X)$，平均レーザー強度は$P_{Lav} \approx U_L f_{rep}$である。アンジュレータの周期が5 mm，10 mm，20 mmそして25 mmの場合と比較すると，アンジュレータの周期が15 mmの場合に必要な平均レーザー強度が最も小さくなる[18]。平均ビームパワーは$P_{bav} = Q_b E_b f_{rep}$で与えられるため，電子ビームの加速効率は$\eta_{laser \to beam} = P_{bav}/P_{Lav} \approx Q_b E_b/U_L$である。EUV放射の生成効率は$\eta_{laser \to EUV} \approx P_{EUV}/P_{Lav}$で得られる。

表1は，coherent combining fibre-based chirped-pulse amplification（CPA）レーザー[19]などで達成される高繰り返し周期，高平均パワーと，電子バンチ幅のFWHM 〜10 fs，相対エネルギー広がり$\Delta E/E_b \sim 1\%$を仮定したとき，繰り返し周期15 mm，ギャップ3 mmのアンジュレータを用いて放射強度1 kWの波長13.5 nm（Case A）と6.7 nm（Case B）のFEL EUV放射光源を実現するための，

表1 レーザープラズマ加速器に基づくEUV FEL光源のパラメータ

Case	A	B
駆動レーザー		
波長 [μm]	1	1
平均レーザーパワー [MW]	1.19	2.60
繰り返し周波数 [MHz]	0.315	0.473
パルスごとのレーザーのエネルギー [J]	3.79	5.51
ピークパワー [TW]	59	75
パルス幅 [fs]	65	73
適合スポット径 [μm]	27	30
レーザープラズマ加速器		
電子ビームエネルギー [MeV]	659	935
プラズマ密度 [10^{17} cm^{-3}]	4.2	3.2
加速長さ [mm]	51	74
バンチごとの電荷 [nC]	0.5	0.5
バンチ幅 [fs]	10	10
エネルギー広がり [%]	〜1.6	〜1.1
横方向ビームサイズ [μm]	25	25
ピーク電流 [kA]	50	50
平均ビームパワー [kW]	104	221
自由電子レーザー		
アンジュレータ周期（ギャップ）[mm]	15(3)	15(3)
放射波長 [nm]	13.5	6.7
ピーク磁場強度 [T]	1.425	1.425
アンジュレータパラメータ K_u	2.0	2.0
Pierceパラメータ [%]	1.60	1.125
ゲイン長 [mm]	86	123
飽和長 [cm]	102	144
周期数	68	96
スペクトルバンド幅 [%]	1.5	1.0
r.m.s. 放射円錐角 [μrad]	82	48
入射パワー [MW]	5.3	5.3
飽和パワー [GW]	317	317
EUVパルス幅 [fs]	10	10
平均EUVパワー [kW]	1	1.5

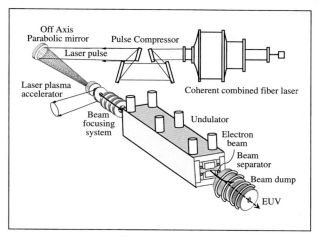

図1 ファイバーレーザー[19]を用いたプラズマ加速器で駆動される，コンパクトな自由電子レーザーによるEUV光源の模式図

主LPAとFELのデザインパラメータをまとめたものである。最近のレーザー航跡場加速実験における電子バンチ幅の測定[20]に基づき，プラズマ密度$n_e \approx 10^{18}$ cm^{-3}の入射ステージでの電子ビームバンチの半値全幅（FWHM）を〜10 fsと見積もった。E_bを加速ステージでの最終エネルギーとして，エネルギー$0.1\,E_b$で入射され加速された電子ビームの相対エネルギー広がりは，入射ステージで10%と仮定した。加速ステージで10倍まで加速された最終エネルギーでの相対的エネルギー広がりは縦方向のビームのダイナミクスにおける断熱的圧縮によって$\Delta E/E_b \sim 1\%$まで減少する。横方向のビームの大きさはビーム収束システムで調整する。図1はファイバーレーザーを用いたプラズマ加速器に基づくコンパクトなFELによるEUV光源の模式図を示している。

8.3 LWFA駆動 硬X線FEL

ここでは波長$\lambda_X = 0.1$ nmが達成可能なコンパクトな硬X線FELの実現可能性を考察する。数cm程度の間隔のアンジュレータを用いた場合，数GeV程度の電子ビームエネルギーが必要である。レーザープラズマ加速器の特筆すべき特徴の一つは従来型の加速器では不可能な1 fsレベルの幅のバンチが生成できることである。X線FELはひとつひとつは自発的な（インコヒーレントな）アンジュレータ放射からコヒーレントな放射が作り上げられる過程，SASEに基づいている。アンジュレータの内部で，放射場は蛇行する電子を追い越す際に，電子が共鳴的に

■ レーザー航跡場加速

放射場の波長だけ離れた小さなグループ（マイクロバンチ）を形成し，それらが波長がマイクロバンチの周期長と等しいコヒーレントな放射をするように相互作用する。この過程はエネルギー広がりとエミッタンスが小さく非常に高電流のビーム，加えて長大で精密に組み立てられたアンジュレータを必要とする。従って，従来型の加速器によるFELではアンジュレータへの入射前に電子ビームの電流密度をキロアンペア程度まで増強するために，はじめ数ピコ秒程度のバンチ幅を100 fs程度まで圧縮する長い多段の「シケイン」と呼ばれるバンチ圧縮器を必要とする。一方，レーザープラズマ加速器によるFELではいかなるバンチ圧縮器も必要ない。現在のLWFAはエネルギー，電流，品質や運転の安定性等の面で更なる改良が必要ではあるが，100 kAレベルのビーム電流（これは1 fsのバンチ幅に100 pCの電荷に相当する）はFEL増幅の飽和に必要なアンジュレータ長を数メートルまで劇的に減少させる。本質的にコンパクトなレーザーとプラズマ加速器に加え，FELシステムは全体でもテーブルトップサイズに収まると予想される。レーザー駆動のコンパクトでテーブルトップなX線FELの実現は，最先端の研究を大学や病院等の小さな施設でも可能とする新たなツールを提供し，科学と産業の広い範囲に利益をもたらすと期待される。

エネルギーγの電子ビームで駆動されるSASE FELでは横方向の正規化エミッタンスが$\varepsilon_n < \gamma \lambda_x$となることが要求される。ここで$\lambda_x$は，式(1)で与えられる周期が$\lambda_u$のアンジュレータにより放射されるFELの波長で，$K_u$はアンジュレータ軸上の磁場強度が$B_u$であるとき$K_u = 0.934$ λ_u[cm]B_u[T]として与えられるアンジュレータパラメータである。ビームのエネルギーを$E_b = 7.665$ GeV $(\gamma = 1.5 \times 10^4)$とし，磁場$B_u = 1.425$ T $(K_u = 2.0)$で$\lambda_u = 1.5$ cmのアンジュレータから硬X線領域$\lambda_x = 0.1$ nm（光子のエネルギー$E_{photon} = 12.4$ keV）のレーザーを得るためには，正規化されたエミッタンスは$\varepsilon_n < 1.5$ μm radである必要がある。加えて100 kAオーダーの非常に高いピーク電流の電子ビームを入射できることがSASE FELには必須である。この要求はバンチ幅が2 fsに対して電荷が〜200 pCであることをレーザープラズマ加速器の設計に課す。

ここでは，波長$\lambda_L = 0.8$ μm，正規化ベクトルポテンシャル$a_0 = 2$，群速度補正係数$\kappa_c = 1.19$，適合スポット半径

表2　LWFAに基づく硬X線FELのパラメータ

駆動レーザー	
波長 λ_L	0.8 μm
パルスあたりのレーザーエネルギー U_L	23 J
ピークパワー P_L	287 TW
パルス幅 τ_L	80 fs
レーザースポット径	47 μm
レーザープラズマ加速器	
電子ビームエネルギー E_b	7.665 GeV
プラズマ密度 n_e	1.3×10^{17} cm^{-3}
加速器長さ L_{acc}	45 cm
バンチあたりの電荷 Q_b	0.2 nC
バンチ幅 τ_b	2 fs
エネルギー広がり（r.m.s.）σ_γ / γ	〜0.3%
横方向ビームサイズ σ_b	10 μm
ピークビーム電流 I_b	100 kA
自由電子レーザー	
アンジュレータ間隔 λ_u（ギャップ g）	15(3) mm
放射波長 λ_x	0.1 nm
ピーク磁場 B_u	1.425 T
アンジュレータパラメータ K_u	2.0
Pierce パラメータ ρ_{FEL}	0.32%
ゲイン長さ L_{gain}	0.43 m
飽和長さ L_{sat}	3.8 m
繰り返し数	254
スペクトル幅 $\Delta \lambda_x / \lambda_x$	0.4%
r.m.s. 放射円錐角 θ_x	3.6 μrad
入射パワー P_{in}	0.51 GW
飽和パワー P_{sat}	1.47 TW
X線パルス幅 τ_b	2 fs
光子フラックス N_{photon}	7.4×10^{26} s^{-1}
ピーク輝度 B_{peak}	4.7×10^{32} photons/(s mm^{2}mrad^2 0.1%BW)

$R_m = 3.2$のレーザーパルスで駆動される自己収束レーザー航跡場加速器によって提供される，7.665 GeVの電子ビームによる0.1 nm硬X線FELの設計の例を示す。$Q_b = 200$ pCの入射電荷による航跡場減衰係数αは電子ビームの半径が$k_p \sigma_b = 1$として式(23)で計算できる。このとき$C = 0.8$，$\alpha = 0.72$となる。平均ベータ関数$\bar{\beta}_u = 1$ m，正規化エミッタンス$\varepsilon_n = 1.5$ μm radを仮定し，アンジュレータ内の電子ビームの横方向r.m.s. サイズを$\sigma_b = (\bar{\beta}_u \varepsilon_n / \gamma)^{1/2} = 10$ μmとする。波長あたりの電子数N_{λ_x} 〜2000で$I_b = 100$ kAのピーク電流値を得るための主LPAとFELのパラメータは，表2に示すようにそれぞれ式(13)〜(24)と式(1)〜(7)によって見積もることができる。

飽和領域におけるX線放射の光子のフラックスは，$E_b = 7.665$ GeV，$E_{photon} = 12.4$ keV $(\lambda_x = 0.1$ nm)，$\rho_{FEL} = 0.0032$，そして$I_b = 100$ kAのとき

$$N_{photon} = P_{sat} / \left(e E_{photon} \right)$$
$$\approx 0.6 \rho_{FEL} E_b I_b / \left(e E_{photon} \right) \approx 7.4 \times 10^{26} \text{ s}^{-1}$$

(25)

となる。ピーク輝度は

$$B_{\text{peak}} = N_{\text{photon}}\gamma^2 / \left(4\pi^2\varepsilon_n^2\right) / \left(10^3\,\Delta\lambda_X / \lambda_X\right) \tag{26}$$
$$\approx 4.7\times10^{32}\ \text{photons}\,/\,\text{s}\,/\,\text{mm}^2\,/\,\text{mrad}^2\,/\,0.1\%\text{BW}$$

と書け，$\Delta\lambda_X/\lambda_X \sim 1/N_u \approx 0.004$ はX線放射のスペクトルバンド幅である。これは従来型のリニアックによる大規模なX線FELのピーク輝度と同程度である[21]。

8.4　原子核共鳴蛍光検出のための全光学的なγ線源

高強度のレーザーパルスと相互作用する相対論的電子からの逆コンプトン散乱によって生成される高品質のγ線は，光核物理，宇宙核物理学の研究，核物質や放射性核廃棄物の特性評価への応用といった興味を呼び覚ます。ここでは同期する二つの出力を持つ高強度レーザーシステムとそれによって駆動されるGeVクラスのレーザープラズマ加速器，そして逆コンプトン散乱による2－20 MeVのガンマ線生成のためにレーザーパルスを電子ビームへと集光する散乱光学系によって構成される，テーブルトップで全光学的なレーザープラズマ加速器によるγ線源を紹介する。

エネルギー$\hbar\omega_L$（レーザー波長が$\lambda_L\,\mu$mのとき$\hbar\omega_L[\text{eV}]$ $=1.240/\lambda_L[\mu\text{m}]$）のレーザー光子が電子にコンプトン散乱されるとき，散乱される光子の最大のエネルギーは$E_{\gamma\max}=4\gamma_e^2 a\hbar\omega_L$で与えられる。$\gamma_e=E_b/m_e c^2$ は静止質量$m_e c^2\cong0.511$ MeVの電子のビームエネルギーがE_bのときの相対論因子で，係数$a=[1+4\gamma_e(\hbar\omega_L/m_e c^2)]^{-1}$である。実験室系におけるコンプトン散乱の微分断面積[22]は

$$\frac{d\sigma}{d\kappa} = 2\pi a r_e^2\left\{1+\frac{\kappa^2(1-a)^2}{1-\kappa(1-a)}+\left[\frac{1-\kappa(1+a)}{1-\kappa(1-a)}\right]^2\right\} \tag{27}$$

で与えられる。$\kappa=E_\gamma/E_{\max}$ は最大エネルギーで正規化した散乱光子のエネルギーで，また，電子の古典半径r_eより $r_e^2\cong79.4$ mbである。実験室系の光子の散乱角θは$\tan\theta=\gamma_e^{-1}[(1-\kappa)/a\kappa]^{1/2}$である。$0\leq\kappa\leq1$まで微分断面積を積分することでコンプトン散乱の全断面積が

$$\sigma_{\text{total}} = \pi r_e^2 a\left[\frac{2a^2+12a+2}{(1-a)^2}+a-1\right.$$
$$\left.+\frac{6a^2+12a-2}{(1-a)^3}\ln a\right] \tag{28}$$

と得られる。この全断面積は電子ビームのエネルギーが$E_b\to0$の極限でトムソン散乱の断面積$\sigma_{\text{Thomson}}=8\pi r_e^2/3=665$ mbを与える。光子のエネルギー$E_{\gamma\max}-\Delta E_\gamma\leq E_\gamma\leq E_{\gamma\max}$の部分断面積は

$$\Delta\sigma = 2\pi a r_e^2\Delta\kappa\left[\left(\frac{1+a}{1-a}\right)^2+\frac{4}{(1-a)^2}\left(1+\frac{1-a}{a}\Delta\kappa\right)^{-1}\right.$$
$$\left.+(a-1)\left(1+\frac{\Delta\kappa}{2}\right)+\frac{1-6a-3a^2}{(1-a)^3\Delta\kappa}\ln\left(1+\frac{1-a}{a}\Delta\kappa\right)\right] \tag{29}$$

となる。ここで，$\Delta\kappa=\Delta E_\gamma/E_{\gamma,\max}\ll1$である。このエネルギー領域にある全ての光子は前方に半円錐角$\theta\sim\gamma_e^{-1}\sqrt{\Delta\kappa/a}$以下で散乱される。水平面（$x$面）内において角度$\alpha_{\text{int}}$でレーザーと相互作用する電子ビームのルミノシティは電子とレーザー光が単位断面積単位時間あたりに衝突する確率を表しており，$L[\text{mb}^{-1}\,\text{s}^{-1}]=N_e N_L f_L/2\pi\Sigma$で見積もることができる。$N_e$は電子バンチに含まれる電子の数，$N_L$はレーザーパルスあたりの光子の数，$f_L$はレーザーパルスの繰り返しレート，$\Sigma=\sigma_L^2 S$は二つのビームが重なり合う領域で

$$S\equiv\left(1+\frac{\sigma_e^2}{\sigma_L^2}\right)\cos\left(\frac{\alpha_{\text{int}}}{2}\right)$$
$$\times\left[1+\left(\frac{1+\sigma_{ez}^2/\sigma_{Lz}^2}{1+\sigma_e^2/\sigma_L^2}\right)\frac{\sigma_{Lz}^2}{\sigma_L^2}\tan^2\left(\frac{\alpha_{\text{int}}}{2}\right)\right]^{1/2} \tag{30}$$

であり，それぞれσ_eとσ_{ez}は電子バンチの横方向サイズとバンチ長のr.m.s.，σ_Lとσ_{Lz}はレーザー光の横方向スポットサイズとパルス長のr.m.s.である。効率的にγ線を生成する正面衝突の場合，電子ビームとレーザー光の交差角は$\alpha_{\text{int}}=0$になるように選ばれる。$\sigma_e\approx\sigma_L$となるように電子ビームの収束システムと光学系を調整したとき，ルミノシティは$r_{L\text{int}}=2\sigma_L$を相互作用点でのレーザースポット径として$L=N_e N_L f_L/(\pi r_{L\text{int}}^2)$となる。電子バンチの電荷$Q_e$，ピークパワー$P_{LS}$，パルス幅$\tau_{LS}$としたときのレーザーパルスのエネルギー$U_{LS}=P_{LS}\tau_{LS}$，$N_e=Q/e=6.24\times10^9 Q$[nQ]，$N_L=U_{LS}/(e\hbar\omega_L)=5.0334\times10^{18}U_{LS}[\text{J}]\lambda_L[\mu\text{m}]$を用いると，ルミノシティは

$$L[\text{mb}^{-1}\text{s}^{-1}] = \frac{N_e N_L f_L}{2\pi\Sigma}=\frac{QI_{LS\text{int}}\tau_{LS}f_L}{2e^2\hbar\omega_L}$$
$$\approx 1.57\times10^{-14}\lambda_L[\mu\text{m}]Q_e[\text{nC}]I_{LS\text{int}}[\text{W}/\text{cm}^2]\tau_{LS}[\text{fs}]f_L[\text{s}^{-1}] \tag{31}$$

と計算できる。$I_{LS\text{int}}$は相互作用点に集光された散乱レー

レーザー航跡場加速

ザーパルスの強度である。従ってγ線の全フラックスは

$$N_\gamma [s^{-1}] = L\sigma_{tot} \approx 1.57 \times 10^{-14}$$
$$\times \sigma_{tot}[mb]\lambda_L[\mu m]Q_e[nC]I_{LSint}[W/cm^2]\tau_{LS}[fs]f_L[s^{-1}] \quad (32)$$

により与えられる。光子のエネルギー広がり $\Delta\kappa = \Delta E_\gamma / E_{\gamma max}$ でのガンマ線の部分フラックスは

$$\Delta N_\gamma [s^{-1}] = L\Delta\sigma \approx 1.57 \times 10^{-14}$$
$$\times \Delta\sigma[mb]\lambda_L[\mu m]Q_e[nC]I_{LSint}[W/cm^2]\tau_{LS}[fs]f_L[s^{-1}] \quad (33)$$

と見積もられる。図2はレーザー航跡場加速器で加速された電子線によるコンプトン散乱によるγ線源の模式図を示している。

ここで全光学的なγ線源の原子核共鳴蛍光検出への応用を考える。励起エネルギーと等しい光子を吸収すると原子核は共鳴吸収によって決まった準位に励起され、そのほとんどが直ちに吸収したエネルギーと等しい再放射を伴って低い準位へと崩壊する。この過程は原子核共鳴蛍光（NRF）[6, 23, 24]と呼ばれ、励起状態の寿命は吸収と再放出のにおける正確な共鳴のためにエネルギー幅 $\Gamma \sim 10^{-5}$ eV に対応する100 psのオーダーである。NRFの共鳴の性質は、光核反応や巨大双極子共鳴等の連続準位を含んだ広い吸収スペクトル幅を持つ他の原子核による吸収現象と比較して特徴的であるため、NRFを用いれば励起エネルギー、寿命、角運動量やパリティといった測定量で原子核の構造や励起準位を特徴づけることができる。準位 i にある原子核が光子を吸収し直接準位 j に励起

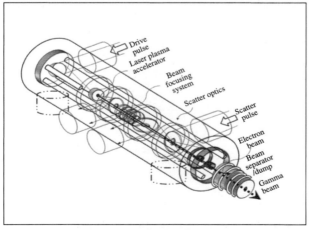

図2　レーザー航跡場加速器により生成される相対論的電子による逆コンプトン散乱γ線源の模式図

する際の吸収断面積は、共鳴にある原子核の熱運動に起因するドップラー広がりを考慮して

$$\sigma_{NRF}(E_{res}) = 2.5 \times 10^3 [b] \left(\frac{1MeV}{E_{res}}\right)^2 \frac{2J_j+1}{2J_i+1} \frac{\Gamma_0}{\Gamma_{thermal}} \quad (34)$$

により与えられる[6]。J_i は準位 i のスピン、E_{res} は準位 i と準位 j の相対的な励起エネルギー、Γ_0 は共鳴的に励起された準位と基底準位間の自然幅、$\Gamma_{thermal}$ は、ボルツマン定数を k として、有効温度 T_{eff}、質量 $m_{nucleus}$ の原子核について、$\Gamma_{thermal} = E_{res}(2kT_{eff}/m_{nucleus}c^2)^{1/2}$ と定義されるドップラー幅である。質量数 $A=200$ の典型的な放射性核では $E_{res}=1$ MeV、$T_{eff}=300$ K、そしてドップラー幅は $\Gamma_{thermal}=0.5$ eV である。

NRF探査では、γ線源はほとんどの原子核の励起準位がある10 keVから10 MeVまでエネルギーをカバーする必要がある。そのようなγ線源を用い、濃度レベル C_{nucl} Bq/gの原子核を含むコンクリートのような物質に F_{GB} photons/s/keVのフラックスを照射して核からのNRFを検出することを考える。測定時間 $T_{meausre}$ 中に測定効率 $\varepsilon_{detector}$ の検出システムで検出されるNRF光子の数は

$$N_{NRF} = \varepsilon_{detector}\sigma_{NRF}F_{GB}L_{int}T_{meausre}d_{material}C_{nucl}N_A/(A_S m_A) \quad (35)$$

と見積もられる[23]。L_{int} は相互作用長、$d_{material}$ は物質の密度、$N_A = 6.022 \times 10^{23}$ mol^{-1} はアボガドロ定数、A_S は比放射能、m_A は放射性核の質量数であり、$n_{nucl} = d_{material}C_{nucl}N_A/(A_S m_A)$ は物質の単位体積あたりに含まれる放射性核の数である。例として共鳴エネルギー $E_{res}=2.17$ MeV、断面積 $\sigma_{NRF}=28$ mb-keVで、$n_{U-238} \sim 4.2 \times 10^{17}$ cmに対応する、密度 $d_{material}=2$ g/cm^3 のコンクリートに濃度 $C_{nucl}=1$ Bq/gで含まれる比放射能 $A_S=1.2 \times 10^4$ Bq/gのU-238から放出されるNRF光子の数は、相互作用長 $L_{int}=1$ mで全検出効率 $\varepsilon_{detector}=1$%の測定器を用い時間 $T_{meausre}=100$ sの測定を行った場合、$N_{NRF} \sim 1.2 \times 10^{-6} F_{GB}$ と予測される。

U-238からのNRF光子検出のために必要な光子エネルギー2.17 MeVの全光学的なレーザープラズマ加速器駆動のγ線源は以下のように設計される。最大エネルギー $E_{\gamma max}=2.17$ MeVの光子は波長 0.8 μmのレーザーと $E_b=303.4$ MeVの電子ビームの逆コンプトン散乱によって生成される。設計のための式(13)～(24)を用いると、エネルギー303.4 MeV、電荷1 nCの電子ビームは、ピークパ

ワー44 TW，パルス幅56 fsで2.5 Jのエネルギーを持ち，プラズマ密度1×10^{18}cm^{-3}，長さ3 cmのガスセルの入り口において$a_0=3$に対応するスポット径$12\,\mu$mに収束されたレーザーパルスによって駆動されるレーザープラズマ加速器で生成できるとわかる。半径$25\,\mu$mの電子ビームと，強度$I_{Lint}=10^{18}$ W/cm^{2}に対応する波長$0.8\,\mu$m，ピークパワー10 TW，パルス幅1 ps，パルスエネルギー10 Jで$25\,\mu$mに集光されたレーザー光との正面衝突は，繰り返し周波数10 Hz（1 kHz）の全フラックスでは8.3×10^{10}（8.3×10^{12}）photons/s，スペクトルバンド幅0.1％の部分フラックスでは1.3×10^8（1.3×10^{10}）photons/sのγ線を提供し，これは$F_{GB}\sim5.8\times10^7$（5.8×10^9）photons/s/keVに対応する。従って，長さ$L_{int}=1$ mで全検出効率10％（1％）の検出器を用いて$T_{meausre}=100$ s（10 s）の測定を行えば，$N_{NRF}\sim440$（440）のU-238からのNRF光子が検出されると予想される。ここで，括弧内の値は1 kHzで運転されるγ線源での性能である。図2はレーザープラズマ加速器で加速された電子のコンプトン散乱によるγ線源を模式的に示している。

参考文献

1) F. Albert *et al.*, "Characterization and applications of a tunable, laser-based, MeV-class Compton-scattering γ-ray source", Phys. Rev. Spec. Top.-Accel. Beams, vol. 13, no. 7, p. 70704, 2010.

2) S. Corde *et al.*, "Femtosecond x rays from laser-plasma accelerators", Rev. Mod. Phys., vol. 85, no. 1, p. 1, 2013.

3) D. Farinella *et al.*, "High energy photon emission from wakefields", Phys. Plasmas 1994-Present, vol. 23, no. 7, p. 73107, 2016.

4) G. A. Mourou, T. Tajima, and S. V. Bulanov, "Optics in the relativistic regime", *Rev Mod Phys*, vol. 78, no. 2, pp. 309-371, Apr. 2006.

5) M. Fujiwara, "Parity Non-Conservation Measurements with Photons at SPring-8", 2005, vol. 802, pp. 246-249.

6) J. Pruet, D. McNabb, C. Hagmann, F. Hartemann, and C. Barty, "Detecting clandestine material with nuclear resonance fluorescence", J. Appl. Phys., vol. 99, no. 12, p. 123102, 2006.

7) D. Habs, T. Tajima, J. Schreiber, C. Barty, M. Fujiwara, and P. Thirolf, "Vision of nuclear physics with photo-nuclear reactions by laser-driven γ beams", Eur. Phys. J. D, vol. 55, no. 2, pp. 279-285, 2009.

8) N. Kikuzawa *et al.*, "Nondestructive detection of heavily shielded materials by using nuclear resonance fluorescence with a laser-compton scattering γ-ray source", Appl. Phys. Express, vol. 2, no. 3, p. 36502, 2009.

9) C. Barty, "Numerical simulation of nuclear materials detection, imaging and assay with MEGa-rays", presented at the Institute of Nuclear Materials Management (INMM), 2011.

10) K. T. Phuoc *et al.*, "All-optical Compton gamma-ray source", Nat. Photonics, vol. 6, no. 5, pp. 308-311, 2012.

11) N. D. Powers *et al.*, "Quasi-monoenergetic and tunable X-rays from a laser-driven Compton light source", Nat. Photonics, vol. 8, no. 1, pp. 28-31, 2014.

12) C. Pagani, E. Saldin, E. Schneidmiller, and M. Yurkov, "Design considerations of 10 kW-scale, extreme ultraviolet SASE FEL for lithography", Nucl. Instrum. Methods Phys. Res. Sect. Accel. Spectrometers Detect. Assoc. Equip., vol. 475, no. 1-3, pp. 391-396, Dec. 2001.

13) P. Elleaume, J. Chavanne, and B. Faatz, "Design considerations for a 1Å SASE undulator", Nucl. Instrum. Methods Phys. Res. Sect. Accel. Spectrometers Detect. Assoc. Equip., vol. 455, no. 3, pp. 503-523, 2000.

14) I. Kostyukov, A. Pukhov, and S. Kiselev, "Phenomenological theory of laser-plasma interaction in 'bubble' regime", *Phys. Plasmas 1994-Present*, vol. 11, no. 11, pp. 5256-5264, 2004.

15) W. Lu *et al.*, "Generating multi-GeV electron bunches using single stage laser wakefield acceleration in a 3D nonlinear regime", Phys. Rev. Spec. Top.-Accel. Beams, vol. 10, no. 6, p. 61301, 2007.

16) K. Nakajima, H. Lu, X. Zhao, B. Shen, R. Li, and Z. Xu, "100-GeV large scale laser plasma electron acceleration by a multi-PW laser", *Chin. Opt. Lett.*, vol. 11, no. 1, p. 13501, 2013.

17) K. Nakajima *et al.*, "Operating plasma density issues on large-scale laser-plasma accelerators toward high-energy frontier", *Phys. Rev. Spec. Top.-Accel. Beams*, vol. 14, no. 9, p. 91301, 2011.

18) K. Nakajima, "Laser electron acceleration beyond 100 GeV," *Eur. Phys. J. Spec. Top.*, vol. 223, no. 6, pp. 999-1016, 2014.

19) G. Mourou, B. Brocklesby, T. Tajima, and J. Limpert, "The future is fibre accelerators", *Nat. Photonics*, vol. 7, no. 4, pp. 258-261, 2013.

20) A. Buck *et al.*, "Real-time observation of laser-driven electron acceleration", *Nat. Phys.*, vol. 7, no. 7, pp. 543-548, 2011.

21) W. al Ackermann *et al.*, "Operation of a free-electron laser from the extreme ultraviolet to the water window", Nat. Photonics, vol. 1, no. 6, pp. 336-342, 2007.

22) H. Tolhoek, "Electron polarization, theory and experiment", Rev. Mod. Phys., vol. 28, no. 3, p. 277, 1956.

23) R. Hajima, T. Hayakawa, N. Kikuzawa, and E. Minehara, "Proposal of nondestructive radionuclide assay using a high-flux gamma-ray source and nuclear resonance fluorescence", J. Nucl. Sci. Technol., vol. 45, no. 5, pp. 441-451, 2008.

24) C. Angell, R. Hajima, T. Hayakawa, T. Shizuma, H. J. Karwowski, and J. Silano, "Demonstration of a transmission nuclear resonance fluorescence measurement for a realistic radioactive waste canister scenario", Nucl. Instrum. Methods Phys. Res. Sect. B Beam Interact. Mater. At., vol. 347, pp. 11-19, 2015.

▌レーザー航跡場加速

レーザー加速器の医療応用の現状と将来／全体俯瞰と将来展望

翻訳：（国研）理化学研究所　長谷部裕雄

9 レーザー加速器の医療応用の現状と将来

9.1 導入

　物質科学と技術はLWFAの応用のひとつとして非常に重要である。本章では医療の用途に焦点を当てる。

　LWFA電子の直接応用として，LWFA超短電子パルス（加速器の電子バンチと比較）を超高速放射医学へ利用することが考えられる。Crowell[1] らと同様にBrozek-Pluskab[2] らはLWFA電子を超高速放射線分解に適用した。Richter[3] らは生きた細胞にLWFA生成電子を照射した。LWFA[4~6] によるベータトロン振動からのX線放射は，位相差撮像等の診断にも使用される[7]。LWFA電子を直接的に治療へ利用する術中放射線療法（IORT）[8] も考えられる。このアプローチは電子源がコンパクトである長所を手術のために用いる。手術中の腫瘍組織を切開して窓を開けることにより電子の高線量爆露による表面組織の損傷を避けることができる[8]。

　ガンマ線光子の色々な応用（特に医学へ応用）はレーザーコンプトンX線で最近重要性を増している。このカテゴリーでは，時に全光学的ガンマ線生成と呼ばれる技術が達成された。LWFAによる他のレーザーパルスに対し，逆向きに進む電子を衝突させるとレーザー光子は，コンプトン散乱によりγ線およびX線に叩き上げられる[9~12]。レーザーコンプトン散乱過程のローレンツ因子$\gamma \gg 1$の超

相対論的エネルギーで伝播する高エネルギー電子は，静電的，磁力的なローレンツ力が近似的に打ち消し合ってプラズマと同様に振る舞う（つまり$E+vxB/C=E/\gamma 2 \ll E$）。プラズマ中の空間電荷力のほぼ完全な打ち消し合いにより，10^{18} cm^{-3}のような密度でLWFAの比較的高密度を実現することが可能となる。これに対し電子ビームの電荷が打ち消し合わないとその密度は典型的に10^{11} cm^{-3}ぐらいにとどまるだろう。したがってLWFAとレーザーコンプトン散乱の物理的過程には類似点と相違点が存在する。以下の詳細において（γ，n），（γ，p）などの過程を通じ様々な放射性同位元素の生成の応用を議論することは大変有効である。

　さらにγ線においては，高いZの特定元素のK_α端を使うことができる。すると特定の元素K_α端で増大し電子を励起し，核共鳴蛍光（NRF）を誘発する断面積が増大する。そのような元素の媒介薬によって運ばれればNRF光シグナルが癌細胞のような特定の生物学的マーカーとなる。高質量元素K_α殻の断面積とより軽い（通常の）生物学的元素の断面積は，前者の方がずっと大きい。したがって，比較的低曝露量の高エネルギーγ線照射は魅力的な特徴を持っている。；（i）高感度の部位特異的NRF光子信号が探している細胞の位置（診断）を示す；（ii）生物学的組織の要素の高エネルギーγ線は断面が小さいので全体的な被曝量は低い。このような特性のために血液細胞癌の診断に利用されるかもしれない。内殻K_α電子の叩き出しはオージェ電子のなだれを誘発する。この

過程は，シンクロトロン光源からのX線とTiターゲットを用いて観測されている[13]。媒介薬によって運ばれた重元素にK_α端エネルギーより高いγ線を照射すると，上記NRF光子は，がん細胞の存在と位置を私たちに教えるだけでなく，その後のオージェ電子放出が隣接する癌細胞を殺すはずである（一段と優れたオージェ療法）。

高輝度レーザー生成放射ビームの医学利用には，レーザー駆動イオンも含まれる。例えば，レーザー駆動陽子ビームは，実際の応用利用レベルに達していない，しかしコンパクトで他の長所を考慮する放射線腫瘍治療装置が検討されている[14〜16]。レーザー駆動陽子ビーム（約20 MeV）は，核反応を誘発して医療関係で使われる短寿命放射性同位元素を生成することができる。同時に，レーザー加速のコンパクト性は早い崩壊速度に対処するために現地生産提供をするのに役立つ。これらには以下の放射性同位元素がある：^{15}O（窒素から製造）は，心臓血管診断に向いた短い（数分）崩壊時間を有する。(p, α) 反応で作られた^{14}Nから生成された^{11}Cと (p, α) 反応で作られた^{16}Oから生成された^{13}N（共に20分以内で減衰）は分子撮像および系統的放射線医療に用いられる。(p, n) 反応で作られる^{99}Moから生成された^{99m}Te（6時間で減衰）と (p, α) 反応で作られる^{70}Znから生成された^{67}Cu（2.5日で減衰）は診断，治療，核薬学[17, 18]への応用が示唆されている。

これらはまた，中性子を生成する二次反応[19]を誘発することができる。これらの過程は，(n, p)，(n, γ)，xn反応などの核反応を通じて生成される。これらの応用においては，レーザー駆動が従来技術に比べてはるかにコンパクトであることが重要である。これらの放射性同位体は極めて短命であり，必要な各病院周辺で生産する必要があるからだ。典型的なケースは，^{64}Zn，^{67}Znを (n, p) プロセス[20, 21]にて^{64}Cu，^{67}Cu（数日間の減衰時間）を生成する。

5章で述べたようにレーザーによって加速された陽子ビームは興味深い (p, n) 反応を起こし，医療用途の同位体のホストを生成する重要な役割を果たす[22]。これらには，^{14}O，^{89}Zr，^{64}Cuが含まれる。(n, p)，(p, n)，(γ, p) および (p, γ) 反応においては最終生成物と最初の物質は化学的に異なっている（(γ, n)，(n, γ) などの反応と比べて）。それらはβとα崩壊を伴っており，主反応，二次反応のいずれも都合がよい。特に，放射性同位体のいくつかが適度に短命である場合，これら産物は核医学および薬学の媒介薬によって指定される癌細胞のような特定の組織を検出する理想的な物質である。短い半減期の後（放射能が減衰した後）便利に洗い落とすことができる。このように短時間で崩壊する放射性同位体は，使用される診療所に迅速に運ぶことが難しい。レーザーに基づく本発明技術は従来の加速器および原子炉施設よりコンパクトであるので重要な利点を有する。このような短寿命の媒介薬物指向性放射性同位体は，標的腫瘍が存在する可能性がある場所（またはその近傍）で崩壊させることができる。崩壊生成物が比較的短い範囲（例えばαおよびβ）を有する場合は診断放出信号によって同定され標的上の腫瘍殺傷治療道具として機能する。すなわち，これらの緊密な組み合わせにおける診断および死滅が可能となる。これは，時に診断治療と呼ばれる[17, 18]。腫瘍細胞に送達される可能性のある分子クラスターにナノ粒子を装填する進歩も注目に値する[23]（最新のレビュー本は参考文献22）参照）。この後，私たちはγ励起光核反応とその核医学応用に重点を置いて議論する[24, 25]。

医療用途に加え，産業用物質に対してもレーザー駆動放射線と加速粒子ビーム診断（さらなる二次的な照射）が利用可能となるはずである。

9.2 光核反応で作られた特定放射能をもつ医療用放射性同位元素

レーザー駆動γ線は核医学に非常に有用な新規の放射性同位体の臨床応用が可能である。一方，これは他の方法では容易ではない。これらの放射性同位元素は特定の媒介薬で腫瘍の特定の細胞／DNA／タンパク質／ペプチドに届けられ，癌細胞と放射線によって死滅させる。この方法は9.1節に記載のイオン療法のビーム散乱によっても妨げられないし，非転移性によっても制限されない。それは電子ビーム放射線治療の一般的な制約である。

新規開発では高ブリリアンス相対論的電子ビームと高輝度で高繰り返し頻度のダイオード励起レーザーを組み合わせたことによるコンプトン後方散乱によって非常に強く輝くγ線を生成することができる。HIγS[26]，

▌レーザー航跡場加速

NewSUBARU[27]，Mega-ray[4, 28]，ELI-NP[24, 25]，ERL-LCS[29]など，世界中にいくつかの既存または計画されたレーザーコンプトンγ線施設がある。例えば，LLNLのMEGa-rayは既存のγ線よりも大きなフラックスを実現し診断および治療のため多くの新しい医療用放射性同位体を生成することを可能にする。新しいγ線はまた，より小さなバンド幅$\Delta E\gamma/E\gamma$を有し，個々の核レベルに対して多数個の励起状態を可能にする。また一方で，(γ, γ')光励起によって，新しい核異性体が生成され，そして，それは多くの変換とオージェ電子によって頻繁に崩壊し，癌細胞の過剰発現受容体へ輸送され，周囲の$10-200\,\mu m$の範囲において腫瘍細胞の短期殺傷を可能とする。また，$(\gamma, xn+yp)$光核反応によっても，多くの新しい医療用放射性同位体を生成することができる。我々は，多くの新しい特定の放射性同位元素について詳細に議論する。一例として，同じ化学元素の診断と治療のための，いわゆる「調整された対」について言及しよう。$^{44}Sc/^{47}Sc$，^{61}Cuまたは$^{64}Cu/^{67}Cu$，$^{86}Y/^{90}Y$，^{123}Iまたは$^{124}I/^{131}I$または$^{152}Tb/^{149}Tb$または^{161}Tbのような対が特に興味深い。基本的な考え方は，正常な細胞と比較して特定の癌細胞で過剰発現するペプチド受容体または抗原に結合する高い親和性および選択性を示す生体結合体[30]を使用することである。これらの治療法は，抗体が使用される場合とペプチドがバイオ接合体または放射性免疫療法（RIT）として使用される場合はペプチド受容体ラジオ治療（PRRT）と呼ばれる。この療法は，局所的ではない病気や多発転移を伴うがんと戦うことを可能にする。主要な課題は，適切な放射性同位元素が生成され，放射化学および放射性医薬品と共にバイオ接合体を構築，癌細胞に到達することである。私たちは，レーザーによるイオン治療では非常に小さな腫瘍の治療を進めているが，新しい治療用放射性同位体では短距離放出放射線（α粒子，低エネルギー電子）のみが癌細胞と癌幹細胞を殺し，そしてバイオ接合体を届けることを可能にする。

9.3 医学用放射性同位体を生産するため原子核反応を用いる

今日，医学放射性同位元素の生産のため最も頻繁に使用されている原子核反応は以下である。

9.3.1 中性子捕獲

中性子捕獲（n, γ）反応は，安定同位体を同じ元素の放射性同位体に変換する。（n, γ）断面が大きく，ターゲットに高中性子線束が照射されれば，高い放射線源が得られる。（n, γ）反応に最も役立つ中性子は，MeVからkeV（熱および熱外中性子）のエネルギーを有し，$10^{14}\,n/(cm^2\,s)$から$10^{15}\,n/(cm^2\,s)$ほどのフラックス密度の高い原子炉の照射位置に運ばれる。中性子捕捉断面積が十分に高い場合（例，$^{176}Lu\,(n, \gamma)\,^{177}Lu$に対して2100 barn），目標原子のかなりの部分が望んだ生成物同位体に変換され，高い放射線能が得られる。

9.3.2 核分裂

核分裂も，原子炉の同位体生成に用いられる過程。放射化学的分離は，理論的最大値に近い比活性を有し，「担体無添加」品質の放射性同位元素をもたらす。核分裂は，生成同位元素^{99}Moと^{90}Srのための，治療同位元素^{131}Iを発しているβ^-のための，そして，SPECT（シングル・フォト・エミッションCT：単一光子放射断層撮影）同位元素^{133}Xeのための優位な生産ルートである。

9.3.3 p, d, αイオンによる荷電粒子反応

PETにおける診断目的のためのイメージングにはどれかのβ^+エミッター（主に^{18}F，^{11}C，^{13}N，^{15}O，^{124}Iまたは^{64}Cu）を必要とする。それは，SPECTのために適当なエネルギー（70〜300 keV）でガンマ線を発し，患者が被曝を最小にするために$\beta^{+/-}$放出なしの同位体である。このように，電子捕獲崩壊は，そのような応用のために好まれ：例えば，^{67}Ga，^{111}In，^{123}I，^{201}Tlである。通常，これらの中性子が不足している同位元素は，安定同位体（例外^{64}Cu）の上で，中性子捕獲によって生産されることができない。代わりに，主に荷電粒子によって誘発された反応（p, n），（p, 2n），…などで生産される。生成物は標的と化学的性質が異なっており（異なるZ），標的物質の残りから化学的分離ができれば，最終生成物の高品質活性が可能である。このように，Zを原子核反応で変えなければならず，例えば（p, n），（p, 2n），（p, α）反応を利用でする。小型サイクロトロンを用い荷電粒子線のエネルギー（0〜30 MeV），高電流ビーム（0.1〜1

mA）を供給することによって生成する。

9.3.4 発生器

もう一つの重要な技術は，寿命の長い母核から短寿命の放射性核種を「蛇口」で抽出する発生器の使用である。ここでは，一次放射性同位元素（核反応で生成された）は，最終放射性同位元素よりも長い半減期を有する（一次放射性同位元素の崩壊によって作られ，医療用途に使用される）。一次放射性同位元素は，発生器に装填され，化学的に固定されたままである。最終的な放射性同位元素は増殖し，繰り返し抽出して使用することができる。

9.3.5 光核反応

（n, γ）の逆反応，すなわち（γ, n）も中性子欠損同位体の生成を可能にするが，従来のγ線源は，高線量放射線および高品質放射線を有する放射性同位体の効率的な生成のために十分な磁束密度を提供できなかった。したがって，この過程は今まで何の役割も果たしていない。

9.4　光核反応で生成する特定放射性同位体

ここでは，第5項の高輝度γ線技術の前述ブレークスルーによって可能になった，光核起反応によって生成されるさまざまなγ誘起反応および特定放射性同位体について議論する。参考文献25）は，この方法で生産可能なラジオアイソトープの幅広いリストをレビュー。例えば，^{225}Raは，γ線照射によって（γ, n）反応で^{226}Raから生成される。この放射性同位体は，約15日間の寿命を有す（迅速にα＝崩壊するか^{225}Acへβ＝崩壊）。したがって，^{225}Raおよびその崩壊生成物^{225}Acは癌細胞を探して付着する媒介薬物に結合された場合に非常に有用な放射性マーカーであり，減衰時間が十分に短い。短い寿命のため，信号は強く，すぐに崩壊するため，放射能に関してひばくが少なく心配が小さい。したがって，それは良い診断手法として用いられる。さらに，平均自由行程が短いα粒子の放出によって，隣接する癌細胞を死滅させることができ，二重マーカーキラー因子として働く同位体群の候補（がんの探索薬）となる。^{225}Raと^{225}Acについては，後述9.4.1の2項を参照。^{225}Raのこの例は単独ではなく，様々な異なる用途に適した種々の放射性同位元素を見出

すことができる可能性を示している[31]。

標的細胞のマーカー・キラー・アプローチのために，我々は媒介薬剤によって運ばれる高Z元素（放射性である必要はない）を含む組織に照射するコンプトンγ光子，そのものの使用も考慮すべきである。高Z元素のK-殻エネルギーレベルよりわずかに高いエネルギーに調整することにより，γ-光子は内殻電子イオン化を誘発して核蛍光シグナル（マーカー機能）を誘発する。このような内殻電子励起は，複数のカスケードオージェ電子放出を誘発することがよく知られている。これらの電子は，短い平均自由行程を有し，隣接するセルに対する便利な「キラー」機構として役立つ。

10^{-3}のバンド幅では，10^{14} γ/（cm^2 s eV）のスペクトルフラックス密度で10 MeVになる。γレンズの場合，ビーム断面積は10^4だけ改善され，より良いバンド幅が期待される。これを，高フラックスリアクターの典型的なフラックス 10^{14} n/（cm^2 s）での熱中性子捕獲によって得られる薄いターゲット収率と比較してみよう。γビームファシリティーの潜在的ビームパラメータに関しても，高フラックスリアクターの照射位置で利用可能な広範囲の磁束密度があることに留意したい。いくつかの場所ではフラックス密度10^{12}–10^{13} n/（cm^2 s）が提供されている。またいくつかの10^{15}n/（cm^2 s）を越える特別な原子炉も存在する。（Dimitrovgrad[32]）のSM3，オークリッジ[33]）のHFIRとグルノーブルのILL'sの高フラックス原子炉）。これまで十分に小さいバンド幅を有するγ線は共鳴励起を開発するためには利用できなかったので，もちろん，そのような断面の測定は存在しなかった。現時点では，制動放射施設[34～36]）で測定された平均断面積を用いて下限を推定することしかできない。測定された断面積が利用できないケースでは，我々は，反応閾値を上回るエネルギーを考慮して，近傍の元素上の同じ反応チャネルの実験断面積を補間している。我々は放射性同位元素生産のために強い共鳴ゲートウエイ状態を測定するという提案をHIγS施設へ提出している。そして，それは既知の隣接核から予測することができる。

保守的な仮定を用いても，推定された放射能強度は，特定の同位体にとって有望である。断面積があまり大きくなければ，厚く（数 cm）大きい（数 cm^2）ターゲット

▌ レーザー航跡場加速

を使用することができるので，原子炉で達成可能な全放射性同位元素程度の放射能は達成可能である（自己吸収および局所的な流入低下をもたらす）。複数照射により，多くのTBqの活性を有する様々な放射性同位元素を生成することができる。

　γ線ビームについては，1つの相互作用長を積分することによって総活動量を推定する（すなわち，初期γ線強度が$1/e=37\%$に減った場合に）。高い放射能は，より厚いターゲットを用いて達成することができ，逆もまた同様である。全相互作用断面積は，通常，コンプトン効果および対生成の原子プロセスによって決まるが，非常に小さな帯域幅を有するγビームに対してはそうはならない。我々は，γ線が相互作用後に失われると保守的に考えよう。現実には，コンプトン散乱の一部は小さな角度で進み，ほとんどエネルギーを失わなかったγ線は依然として光核反応を誘発する可能性がある。使用可能なターゲットの厚さは，重元素の場合20 g/cm^{2}から軽元素の場合40 g/cm^{2}の範囲であり，合計でわずか数mgのターゲット材料がγ線の小さなエリアに照射される。0.1 TBqの放射線のオーダーの非共鳴反応を1日に生成することができる，それは，患者被曝量の数十（β-治療同位体について）から数千倍（イメージング同位体およびアルファ放射体による治療）に相当する。

9.4.1 （γ，n）反応によるラジオアイソトープ
　中性子結合エネルギーを十分に越えて励起されると核は容易に中性子を失う。ガンマ線放出による脱励起などの競合反応は，はるかに起こりにくい。

1. ^{99}Mo/^{99m}Tc：核医学研究のために現在使用されている放射性同位体は^{99m}Tcである。その140 keVのγ線はSPECT撮像に理想的である。6時間の比較的短い半減期およびβ粒子がほとんどない場合，患者への放射線量は十分に低い。^{99m}Tcは，約1週間使用できる単純で信頼性の高い^{99}Mo（$T_{1/2}=66$ h）発生器から，キャリヤー無添加の品質で簡単に抽出される。様々なテクネチウム化合物が，多数の核医学用途[30]のために開発されている。これらの利点の組み合わせを考えると，^{99m}Tcがすべての核医学研究の約80％もの

割合でなぜ使われているかがわかる。最近まで，5つの原子炉を使用して，高濃縮した^{235}Uのターゲットの中性子誘導分裂によって，世界の必要量の約95％の^{99}Moを生産してきた。最近，^{99}Mo供給源の大部分を生産していた2基の原子炉が停止したので，深刻な^{99}Mo/^{99m}Tc供給危機に陥った[37, 38]。10^{15} γ/sを提供する施設は，^{100}Mo（γ，n）反応を介して週に数TBqを生成することができる。現在の要請は1週間に3000 TBqであるため，世界中で^{99}Mo供給を保証するために多くの施設が必要となるだろう。

　この例は，γ線による新しい生産方法が確立された同位体の大規模生産と競合することを意図していないことを示している。放射性同位元素生成のためのγ線の利点は，核医学にとって非常に有望であるが，現在要求されている品質または量では入手できない放射性同位元素または異性体に対して，非常に高い放射物量を与えることは明らかである。

2. ^{225}Ra/^{225}Ac：アルファ放射体は高い線形エネルギー移動（LET）を有する非常に局所的（1〜数個の癌細胞直径の典型的な範囲）にエネルギーを与える。したがって修復不能な二本鎖破断の可能性が高く治療用途に非常に有望である。癌細胞特異的に結合したアルファ線放射体は，播種性癌のタイプ（白血病），種々の癌の微小転移，または化学耐性および放射線耐性癌細胞（例えば，膠芽細胞腫）を破壊するための標的アルファ療法に使用することができる。1つの有望なアルファ放射体は^{225}Ac（$T_{1/2}=10$日）で，一連の4つのアルファ減衰と2つのベータ崩壊によって^{209}Biに減衰する。これらの放射性同位元素は既に議論されている。

3. ^{169}Er：^{169}Erは，低エネルギーベータ放射（100 keVの平均ベータエネルギー）によって半減期9.4日で減衰する。これらのベータ線は，生物学的組織において$100〜200$ μmの範囲を有し，少数の細胞直径に対応する。同位体の短いベータ範囲は，標的放射線治療において非常に興味深いものなっている[39]。

68

4. ^{165}Er：^{165}Erは，低エネルギーオージェ電子によって崩壊する同位体の一例である。それらの範囲は，1つの細胞直径よりも短い。したがって，これらのオージェ放射体は細胞に入り，細胞の核に接近してDNAを損傷し，細胞を破壊する。癌細胞に選択的に内在化されたバイオ接合体に結合して，正常細胞と比較して腫瘍細胞に送達される用量当量比率を高めることができる。副作用の少ない改善された腫瘍治療法が得られるはずである。

5. ^{47}Sc：^{47}Scは，標的放射線療法のための有望な低エネルギーβ線源である。原子価Ⅲの金属（Y，Lu…）のための最も確立された標識手順で，直接Scから適用することができる。その159 keVガンマ線は，SPECTまたはガンマカメラによる^{47}Sc分布のイメージングを可能にする。代替的に，β放出スカンジウム同位体^{44}Scは，PETイメージングのために「調整された対」として使用することができる。キャリアフリーの^{47}Scは，^{50}Ti（p，α）または^{47}Ti（n$_{fast}$，p）の反応とそれに続く化学的分離によって生成することができる。^{46}Ca（n，γ）の^{47}Ca→^{47}Scによる代替生産では，^{46}Caの天然存在量が極めて低いため，経済的ではない。

6. ^{64}Cu：^{64}Cuは，核医学における様々な応用を伴って，比較的長寿命のβ^{+}放射体（$T_{1/2}=12.7$時間）である[40]。^{64}Cu-ATSMは，腫瘍の低酸素症を測定する方法である。低酸素効果は，化学療法または放射線療法に対する腫瘍細胞の耐性に影響を及ぼす重要な効果である。^{64}Cuは，β^{-}（191 kの平均エネルギー）および低エネルギーオージェ電子の放出なので，治療用同位体としても作用させることができる。

7. ^{186}Re：^{186}Reは，骨の痛みの緩和，放射線シナプス切除および標的化放射性核種療法に適した放射性同位元素である。レニウムはその同族体テクネチウムと化学的に非常に類似しているので，^{99m}Tcでイメージングするために開発された既知の化合物も^{186}Reで標識して治療に使用することができる。^{186}Reは現在，^{185}Reの中性子捕獲によって生成され，限定的な比活

性を生じる。また^{185}Reは^{186}W（p，n）の反応に続いて化学的Re/W分離によっても生成される。^{185}Re（γ，n）反応による長寿命の$^{184, 184m}$Reの汚染を最小限に抑えるために，濃縮された^{187}Reターゲットを使用する必要がある。

9.4.2　（γ，p）反応で作られる放射性同位体

陽子結合エネルギーを超えて励起されても，核が必ずしも陽子を失うとは限らない。後者はクーロン障壁によって拘束され，プロトン損失チャネルの抑制につながる。陽子結合エネルギーを超えた励起に対してのみ，陽子は，クーロンバリアを効率的にトンネリングするのに十分な運動エネルギーを得る。しかしながら，そのような励起エネルギーは，通常，中性子結合エネルギーまたは，2中性子結合エネルギーよりさえ上である。したがって，中性子放出とプロトン放出は競合し，（γ，p）反応の断面積は，競合チャネルより1桁低い可能性がある。したがって，達成可能な放射線量（標的質量に対する放射線量）は，（γ，p）反応に対して制限される。しかしながら，生成した同位体は，1つの陽子が少ないので（Z=Z−1）標的とは化学的に異なる。照射後，標的から生成した同位体の化学分離を行うことができ，そして最終的に高品質放射線源の他の同位体との反応か（例えば，（γ，np），（γ，2n）EC/$^{+}\beta^{+}$，など）自身の（γ，n）反応のみで劣化する。

^{47}Sc：^{48}Ca（γ，n）^{47}Ca→^{47}Sc反応の他に，^{47}Scも^{48}Ti（γ，p）^{47}Sc反応によって生成することができる。確立されたSc/Ti分離スキームは，化学処理のために使用することができる。ここで^{47}Ti（n，p）の方法と比較すると，^{48}Tiが最も多量なチタン同位体であり，より高濃度に分離することが容易であることから，不安定な長寿命の^{46}Scの直接生成（^{46}Ti（n，p）または^{47}Ti（γ，p）を介し）をより容易に制限することができる。しかし，^{47}Sc（γ，n）反応による^{46}Sc不純物の過剰な形成を防ぐために，照射時間を比較的短く保たなければならない。

^{67}Cu：^{67}Cuはまた，標的放射線治療のための有望なベ

▍レーザー航跡場加速

ータ放出体でもある。同様に抗体に結合すると腫瘍細胞に蓄積するのに十分な長い半減期を有し，その185 keVのガンマ線はSPECTまたはガンマカメラによる画像化を可能にする。PETイメージング同位体 ^{61}Cuまたは ^{64}Cuと共に，それは「調整された対」を形成する。通常の製造ルート ^{68}Zn（p, 2p）， ^{70}Zn（p, α），または ^{64}Ni（α, p）はすべて低収量によって特徴付けられる。前者は，より大きなサイクロトロンからのエネルギー陽子（30 MeV）を必要とし，後者の2つの方法は，低い天然存在量からエンリッチした高価なターゲットを使用する。

より高いZを有する同位体：原則として， ^{131}I， ^{161}Tbまたは ^{177}Luなどの放射性核種治療に使用されるより重いβ-エミッターも，（^{132}Xe， ^{162}Dyまたは ^{178}Hfのターゲットで）（γ, p）反応によって生成することができる。

私たちはここで高輝度レーザー（特に核フォトニクス）の医療応用の氷山の一角を提示しただけだが，読者は医学とレーザーの融合には広大な領域が広がっていることがわかっただろう。核医学，生化学，ナノ材料科学を含む幅広い分野が集結し，エキサイティングなフロンティアを形成している。読者には，最新の書籍[16, 31]を参照してもらいたい。この分野の最新の動向をさらに垣間見ることができる。

10 全体俯瞰と将来展望

レーザー航跡場加速は第1章に記載されているように，加速器物理学とプラズマ物理学の両方で基本的に新しい哲学と原理を導入した。すでに破壊されたプラズマを媒体とする原則のいくつかは，VekslerやRostokerのような開拓者による大胆な研究から継承され，高位相速度の原理fs超高速レーザー駆動の原理によりプラズマ中に生じる不安定性を改善した。固有モードの共鳴や相対論的コヒーレンスのような哲学の他の柱は大きな加速勾配とそのコヒーレンスの維持を強化した。駆動する電磁波を高周波電波領域から光学レーザー領域まで数桁におよぶ技術の進化は大胆な前進となった。私たちは第2と6章で

見たような光学レーザーからX線レーザーへの駆動周波数，数桁にもおよぶもう一つの量子力学的ジャンプをこれから目撃しようとしている。

10.1 ヒッグス・エネルギーとフェルミのPeV

LWFAのエネルギー利得は n_{cr}/n_e（第3章で定義）となるので，我々は，LWFAにおける達成可能な電子エネルギーを増加させる1つの方法は，電子密度を減少させることであると考えた[41]。第3章では，2つの結果がもたらされる：（i）レーザーが占有する体積に比例してレーザーエネルギーが増加する。（ii）結果として加速距離が延びる。高強度レーザーのエネルギー増加はレーザーのエネルギーに比例してコストが増加するため，第1の問題は深刻である。私たちの提案の1つは，LMJ，NIF，LLE，SIOM，GSI[42]など世界の高出力エネルギーレーザーを利用することである。それらは既に他の目的のために利用されているが，適切なレーザー圧縮により，本目的のために適用可能となり得る。このような利用，計画，および協力を促進するためのIZEST（Zetta-Exawatt国際科学技術センター）イニシアチブは注目に値する[42]。世界の高強度レーザー組織ICUILがこのような世界規模の取り組みを調整することは，非常に有益である[43]。大規模なエネルギーレーザーの利用は，調整の努力とかなりの行政的および財政的関与さらに，ビジョンレーザーが必要だったので，これらの活動が始まった。私たちは，これからの大胆な一歩を踏み出すことが楽しみである。

低密度プラズマに対して高エネルギー・レーザー（LMJなど）を使用する場合，典型的にそのようにレーザーが非常に低い反復率を有するとしても，我々は高反復率および高光度に依存しない重要な実験を行うことができる。一般に知られているように，Fermiは大胆にもPeVを実現するために地球全体を覆う[44]，究極加速器を提案した（図1参照）。我々は，LWFAでFermiの挑戦にここで応えようと思う。参考文献45）で分析されたように，MJレーザーを用いたLWFAは，O（2 km）でPeV以上を得ることが可能である。超高エネルギーの高い光度に依存していないユニークな実験は，"超ひも理論"効果（第4章）のために真空の粒の粗さを測定するような設計がされるかもしれない。さらに，フロンティア物理学の発

図1　FermiのPeV構想

見を行うための高強度および／または高フルエンスレーザーの使用が検討されている（第6章参照）。これらは当初[46]，使用されていた新しい粒子（レーザーとの4波混合）[36]による光子の干渉を探究することによる暗黒物質の探査が含まれる。レーザー[37]（もともとは参考文献47）で使用）によってニュートリノを捕らえることも可能である。さらに，^8Beの励起状態の異常を発見[39]するために，（未知の粒子によって媒介される）[38]普通でない崩壊を示す可能性のある「第5の力」の最近の提案がなされている。これは，レーザーコンプトンガンマ光子（第8章で論じた）がそのような提案をチェックする興味深い経路（逆プロセスもあり得る）と，挑戦機会を提供する[38]。LWFAとその刺激されたレーザー技術がもたらしたこれらの斬新で大胆な取り組みに，Fermiはどのように反応するだろうか。

一方，我々は，航跡場の仕組みが母なる自然の中で働いていることを見つけた。AGN[48]のジェットで最も顕著に見られる。この機構はジェット上の自然で大きな振幅のコヒーレント場乱を励起している降着円板が不安定になることにより得られ，イオンと電子の両方の粒子の非常に大きなエネルギーまで加速する。前者は，10^{19} eVを超える超高エネルギー宇宙線を発生させるはずである。それを越えては，神々しいFermiの確率的加速は，陽子についてもエネルギーを失うことになる。後者は，blazarガンマ放出の現象として現れるはずである。

10.2　CANレーザーとその応用

現在における高エネルギー加速器への要求は衝突装置のそれ（私たちが第2章で議論し，第4章の代替案を述べた）である。そこでは，高光度とビームエネルギーは共に重要な必要条件である[49]。この実現は，ICUILとICFAの間で開始されたレーザー加速に関するICUIL-ICFAの共同タスクフォースの下で提言され，勧告をもたらし[43]，最終報告書は参考文献50）に掲載されている。この中で最も問題とされたのは，高反復率の欠如と低効率を伴うことである（そして，現在の高輝度レーザー技術によって成し遂げられない）。この課題[51]に対応し，CANと呼ばれるファイバーを積み重ねることによりファイバーレーザーを高強度に変える，高反復率，高効率のファイバーレーザー技術（しかし，高強度を達成する能力は欠如している）の革新的な発明に至った（コヒーレント増幅ネットワーク）。この新しい技術（CERNのコンソーシアムメンバーを含む，フランスのIZESTが率いるコンソーシアムによって推進）は，パリ工科大学，タレス，南ハンプトン大などの組織によって開発された。このような技術が，参考文献51）で予測されているように完全で実現される場合，レーザー衝突装置に加えて膨大数の応用が可能になる。これは，医療アプリケーションを含む社会的アプリケーションの大部分が，典型的には高反復率の特性を必要とするためである。この画期的な技術のおかげで，CANは高輝度レーザーアプリケーションの拡大に大きな役割を果たすことが期待されている。

10.3　新しい圧縮技術とELI見通し

さらに単一サイクル光パルスを可能にする斬新なレーザー圧縮技術が発明された[52]。第2と6章で議論されているように，この手法はELI-NP実験[53]での原理証明実験に示されている。超高速レーザーパルス（10'sfs）を単一サイクルレーザーパルスに変換することは非常に重要な段階である。これは，単一サイクルレーザーパルスは，ポンデロモーティブ力がその振幅を打ち消し合わず，コヒーレント構造を有するという独特な特性を持ってい

レーザー航跡場加速

るからである。これらはもちろん，レーザー加速の効率と大きさを向上させる。レーザーパルスのような光周波数では，SCLA（単一サイクルレーザー加速）が非常に有効であり，高品質レーザー加速イオンビームを生成することが第5章で示されている。この手法をPWレーザーに適用すると，TFCと相対論的ミラーを用いた結果として得られるレーザーは，前例のないパラメータ領域になると推定される。数年後に10 PWレーザーが設置されるELI-NPでは，10 PWレーザーをEW-X線レーザーにパルス圧縮することが進行中である。

一つには，そのようなパルスは，小さいセットアップでもTFCを通して発生可能である。したがって，これは，核医学（一部は第9章で議論），核薬理学および他の社会的応用に使用され得る卓上小型イオン加速器として役立つ。

10.4 "チップ上のTeV"

相対論的ミラーと組み合わせたTFCの発明は，2章と6章で論じられているように，単一サイクルの強力なX線レーザーを私たちにもたらす。LWFA（第3章参照）のスケーリングは，高エネルギーX線光子では臨界密度が数桁増加し，固体密度の電子を加速媒体（例えば，ナノ構造材料）として取り出すことを可能にすると示されている[54, 55]。ナノ構造材料の採用は，（i）LWFA用の高密度（固体密度）媒体と，（ii）航跡場[56]にも焦点を当てた加速粒子用の真空ホールとの創造的な統合である。もちろん，そのような根本的な概念は実験的な調査でテストする必要がある。特に重要なのは，X線レーザードライバーの実現である。

10.5 新しいフロンティア：Exawatts と zeptoseconds

LWFA[57]とCPA[58]の出現という概念の導入は，ハイ・フィールド・サイエンスを導くためにお互いを強化した[59〜61]。今我々は，これら2つの基本的なアイデアがさらに絡み合って，新しい進歩を加速させることを想像している。例えば，図2に見られるように，ますます増加するレーザー強度は，これら2つの強力なアイデアがより多くの新しいアプリケーションを生み出すため，さら

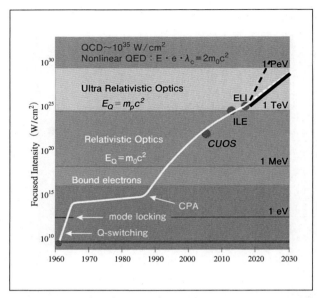

図2 長年のレーザー強度。EWと超高強度に向かうショートカット（黒色点線，より急な短路）。（参考文献62）後で改定）

に早く上昇する可能性がある（図2：黒色点線，より急な短路を参照）。以前は，EWに向かうにはMJレーザーのようなレーザーのエネルギーを一層高くすることが必要と考えられていた。新しい圧縮技術と，LWFA用の新しい加速媒体へのその適用に伴い，新たな眺望が現れた。10.1節でn_{cr}/n_eを大きくするのに，n_eを下げる事を考慮したが，X線レーザーによるn_{cr}を上げる事でこれが出来る事が示されている[54]。このツールはとても新しいもので，その影響の全体像はまだ明らかになっていない。例えば，ゼプト秒のX線レーザーは核物理学とよく一致し，fsは化学や原子物理の研究に適している。また，マシンの大型化や高エネルギー化に代えて，機械の小型化，ビーム強度の向上，小型化された加速器などのアプリケーション機器の開発にも取り組む必要がある。これらの予想される傾向はまた，社会的に有用な用途に役立つはずである。

謝辞

第一著者（TT）は，イタリア物理学会によるEnrico Fermi賞授与に対して謙虚に感謝する。彼はこの栄誉を大切に考えている。特に，この仕事がEnrico Fermiのそばに立ちFermiのビジョンを広げることになるからだ。

そして彼はとても運が良いと考えている。

　励まし，指導，協力，数え切れないほどの助けを借り，この長い執筆の旅に貢献した多くのパイオニアと同僚に感謝する：K. Abazajian, F. Albert, H. Azechi, C. Barty, S. Barwick, P. Bolton, M. Borghesi, A. Bracco, B. Brocklesby, P. Bucksbaum, S. Bulanov, R. Byer, A. Caldwell, M. Campbell, A. Chao, S. Chu, L. Cifarelli, S. Chattopadhay, P. Chen, C. Cohen-Tannoudji, S. Corde, P. Corkum, J. Dawson†, S. DeSilvestri, T. Ditmire, F. Dollar, M. Downer, T. Ebisuzaki, E. Esarey, T. Esirkepov, R. Falcone, J. Faure, J. Feng, M. Fujiwara, A. Giulietti, G. Gulsen, E. Goulielmakis, D. Habs, D. Hammer, T. Hayakawa, M. Hegelich, B. Holzer, K. Homma, W. Horton, S. Ichimaru, S. Iijima, K. Ishikawa, C. Joshi, T. Juhasz, M. Kando, Y. Kato, T. Katsouleas, I. Kim, Y. Kishimoto, F. Krausz, K. Krushelnick, A. Lankford, J. Leboeuf, W. Leemans, A. L' Huillier, R. Li, A. Litvak, F. Mako, V. Malka, R. Matsumoto, C. Max, P. McKenna, J. Meyer-ter-Vehn, H. Milchberg, K. Mima, S. Mukamel, M. Murnane, N. Naumova, A. Necas, D. Neely, D. Niculae, A. Olinto, T. O' Neil, F. Pegoraro, A. Pirozhkov, R. Rassmann, B. Richter, J. Rosenzweig, N. Rostoker†, R. Ruth, D. Ryutov, A. Salam†, W. Sandner†, J. Schreiber, A. Sergeev, K. Shibata, V. Shiltsev, Y. Shin, Z. Siwy, H. Sobel, M. Spiro, P. Sprangle, A. Suzuki, P. Taborek, T. Tait, Y. Takahashi†, F. Tamonoi, K. Tanaka, M. Teshima, M. Tigner, B. Tromberg, D. Umstadter, C. Wahlstrom, J. Wheeler, U. Wienands, T. Yamazaki, X. Yan, K. Yokoya, N. Zamfir, M. Zepf, X. M. Zhang, J. Zuegel, and E. Zweibel. 私たちは，この時に非常に緊密な友情を築いた優秀な学生や仲間と，形成期の素晴らしい貢献に恵まれた：N. Canac, M. Cavenago, L. M. Chen, S. Cheshkov, A. Deng, D. Fisher, J. Koga, T. Kurki-Suonio, A. Mizuta, B. Newberger, M. Ottinger, B. Rau, C. Siders, S. Steinke, D. Strickland, and M. Zhou. Our students D. Farinella and C. Lau は，我々の原稿を献身的に慎重にチェックして頂いた。この仕事を通し，すべてのここに挙げる同僚と関係することは大きな名誉である。そして，それなしではこの仕事を完成させることはできなかった。この仕事は，UCIのNorman Rostoker基金で支えられた。この仕事のK.ナカジマは，IBS-R012-D1の下で，基礎科学研究所に支え

られた。

参考文献

1) R. A. Crowell, D. J. Gosztola, I. A. Shkrob, D. A. Oulianov, C. D. Jonah, and T. Rajh, "Ultrafast processes in radiation chemistry," *Radiat. Phys. Chem.*, vol. 70, no. 4, pp. 501-509, 2004.

2) B. Brozek-Pluska, D. Gliger, A. Hallou, V. Malka, and Y. A. Gauduel, "Direct observation of elementary radical events: low-and high-energy radiation femtochemistry in solutions," *Radiat. Phys. Chem.*, vol. 72, no. 2, pp. 149-157, 2005.

3) C. Richter et al., "Dosimetry of laser-accelerated electron beams used for in vitro cell irradiation experiments," *Radiat. Meas.*, vol. 46, no. 12, pp. 2006-2009, Dec. 2011.

4) F. Albert et al., "Characterization and applications of a tunable, laser-based, MeV-class Compton-scattering γ-ray source," *Phys. Rev. Spec. Top.-Accel. Beams*, vol. 13, no. 7, p. 70704, 2010.

5) S. Corde et al., "Femtosecond x rays from laser-plasma accelerators," *Rev. Mod. Phys.*, vol. 85, no. 1, p. 1, 2013.

6) D. Farinella et al., "High energy photon emission from wakefields," *Phys. Plasmas 1994-Present*, vol. 23, no. 7, p. 73107, 2016.

7) S. Kneip et al., "X-ray phase contrast imaging of biological specimens with femtosecond pulses of betatron radiation from a compact laser plasma wakefield accelerator," *Appl. Phys. Lett.*, vol. 99, no. 9, p. 93701, 2011.

8) A. Giulietti et al., "Intense γ-ray source in the giant-dipole-resonance range driven by 10-TW laser pulses," *Phys. Rev. Lett.*, vol. 101, no. 10, p. 105002, 2008.

9) K. T. Phuoc et al., "All-optical Compton gamma-ray source," *Nat. Photonics*, vol. 6, no. 5, pp. 308-311, 2012.

10) N. D. Powers et al., "Quasi-monoenergetic and tunable X-rays from a laser-driven Compton light source," Nat. Photonics, vol. 8, no. 1, pp. 28-31, 2014.

11) S. Chen et al., "MeV-energy X rays from inverse Compton scattering with laser-wakefield accelerated electrons," *Phys. Rev. Lett.*, vol. 110, no. 15, p. 155003, 2013.

12) F. Albert et al., "Laser wakefield accelerator based light sources: potential applications and requirements," *Plasma Phys. Control. Fusion*, vol. 56, no. 8, p. 84015, 2014.

13) K. Tamura et al., "X-ray induced photoelectrochemistry on TiO 2," *Electrochimica Acta*, vol. 52, no. 24, pp. 6938-6942, 2007.

14) B. Rau and T. Tajima, "Strongly nonlinear magnetosonic waves and ion acceleration," *Phys. Plasmas 1994-Present*, vol. 5, no. 10, pp. 3575-3580, 1998.

15) S. Bulanov and V. Khoroshkov, "Feasibility of using laser ion accelerators in proton therapy," *Plasma Phys. Rep.*, vol. 28, no. 5, pp. 453-456, 2002.

16) A. Giulietti, *Laser-Driven Particle Acceleration Towards Radiobiology and Medicine*. Springer, 2016.

17) D. Niculae, F. D. Puicea, I. Esanu, V. Negoita, and D. Savu, "Development of NOTA/DOTA cyclo-RGD dimers labelled with Ga-68 for cancer diagnosis and therapy follow-up," *J. Nucl. Med.*, vol. 54, no. supplement 2, pp. 1131-1131, 2013.

18) D. Niculae, "Radioisotopes for nuclear medicine: molecular imaging,

▌レーザー航跡場加速

targeted therapy and theranostic," 07-Jul-2016.

19) C. Zulick *et al.*, "Energetic neutron beams generated from femtosecond laser plasma interactions," *Appl. Phys. Lett.*, vol. 102, no. 12, 2013.

20) T. Kin et al., "New production routes for medical isotopes 64Cu and 67Cu using accelerator neutrons," *J. Phys. Soc. Jpn.*, vol. 82, no. 3, p. 34201, 2013.

21) M. Kawabata *et al.*, "Production and separation of 64Cu and 67Cu using 14 MeV neutrons," *J. Radioanal. Nucl. Chem.*, vol. 303, no. 2, pp. 1205-1209, 2015.

22) A. Bracco and G. Koerner, "NuPECC Report 'Nuclear Physics for Medicine,'" presented at the Nuclear Physics European Collaboration Committee (NuPECC), 2014.

23) J. G. Croissant *et al.*, "Protein-gold clusters-capped mesoporous silica nanoparticles for high drug loading, autonomous gemcitabine/ doxorubicin co-delivery, and in-vivo tumor imaging," *J. Controlled Release*, vol. 229, pp. 183-191, 2016.

24) D. Habs and U. Köster, "Production of medical radioisotopes with high specific activity in photonuclear reactions with γ-beams of high intensity and large brilliance," *Appl. Phys. B*, vol. 103, no. 2, pp. 501-519, 2011.

25) D. Habs, T. Tajima, and U. Koster, "Laser-Driven Radiation Therapy," in *Current Cancer Treatment–Novel Beyond Conventional Approaches*, O. Ozdemir, Ed. InTech, 2011.

26) V. N. Litvinenko and F. HIγS, "Recent results with the high intensity γ-ray facility," *Nucl. Instrum. Methods Phys. Res. Sect. Accel. Spectrometers Detect. Assoc. Equip.*, vol. 507, no. 1, pp. 527-536, 2003.

27) S. Miyamoto *et al.*, "Laser Compton back-scattering gamma-ray beamline on NewSUBARU," *Radiat. Meas.*, vol. 41, pp. S179-S185, 2006.

28) C. Barty, "Numerical simulation of nuclear materials detection, imaging and assay with MEGa-rays," presented at the Institute of Nuclear Materials Management (INMM), 2011.

29) N. Kikuzawa *et al.*, "Nondestructive detection of heavily shielded materials by using nuclear resonance fluorescence with a laser-compton scattering γ-ray source," *Appl. Phys. Express*, vol. 2, no. 3, p. 36502, 2009.

30) C. Schiepers and C. K. Hoh, "FDG-PET Imaging in Oncology," in *Diagnostic Nuclear Medicine*, Springer, 2006, pp. 185-204.

31) T. Hayakawa, M. Senzaki, P. Bolton, R. Hajima, M. Seya, and M. Fujiwara, *Nuclear Physics and Gamma-Ray Sources for Nuclear Security and Nonproliferation: Proceedings of the International Symposium*. World Scientific, 2014.

32) Y. A. Karelin *et al.*, "Radionuclide production at the Russia State scientific center, RIAR," *Appl. Radiat. Isot.*, vol. 48, no. 10, pp. 1585-1589, 1997.

33) F. R. Knapp Jr, S. Mirzadeh, A. Beets, and M. Du, "Production of therapeutic radioisotopes in the ORNL High Flux Isotope Reactor (HFIR) for applications in nuclear medicine, oncologyand interventional cardiology," *J. Radioanal. Nucl. Chem.*, vol. 263, no. 2, pp. 503-509, 2005.

34) J. Carroll *et al.*, "Photoexcitation of nuclear isomers by (γ, γ') reactions," *Phys. Rev. C*, vol. 43, no. 3, p. 1238, 1991.

35) J. Carroll *et al.*, "Excitation of Te m 123 and Te m 125 through (γ, γ') reactions," *Phys. Rev. C*, vol. 43, no. 2, p. 897, 1991.

36) P. von Neumann-Cosel *et al.*, "Resonant photoexcitation of isomers. 115Inm as a test case," *Phys. Lett. B*, vol. 266, no. 1-2, pp. 9-13, 1991.

37) D. M. Lewis, "99 Mo supply-the times they are a-changing," *Eur. J. Nucl. Med. Mol. Imaging*, vol. 36, no. 9, pp. 1371-1374, 2009.

38) J. Raloff, "Desperately seeking moly: Unreliable supplies of feedstock for widely used medical imaging isotope prompt efforts to develop US sources," *Sci. News*, vol. 176, no. 7, pp. 16-20, 2009.

39) H. Uusijärvi, P. Bernhardt, F. Rösch, H. R. Maecke, and E. Forssell-Aronsson, "Electron-and positron-emitting radiolanthanides for therapy: aspects of dosimetry and production," *J. Nucl. Med.*, vol. 47, no. 5, pp. 807-814, 2006.

40) C. J. Anderson and R. Ferdani, "Copper-64 radiopharmaceuticals for PET imaging of cancer: advances in preclinical and clinical research," *Cancer Biother. Radiopharm.*, vol. 24, no. 4, pp. 379-393, 2009.

41) K. Nakajima *et al.*, "Operating plasma density issues on large-scale laser-plasma accelerators toward high-energy frontier," *Phys. Rev. Spec. Top.-Accel. Beams*, vol. 14, no. 9, p. 91301, 2011.

42) "International Center for Zetta-Exawatt Science and Technology l Ecole Polytechnique." [Online]. Available: https://portail. polytechnique.edu/izest/en. [Accessed: 18-Nov-2016].

43) "International Committee on Ultrahigh Intensity Lasers Germany." [Online]. Available: http://www.icuil.org/. [Accessed: 18-Nov-2016].

44) "List of accelerators in particle physics," *Wikipedia*. 21-Nov-2016.

45) T. Tajima, M. Kando, and M. Teshima, "Feeling the Texture of Vacuum Laser Acceleration toward PeV," *Prog. Theor. Phys.*, vol. 125, no. 3, pp. 617-631, 2011.

46) K. Homma, D. Habs, and T. Tajima, "Probing the semi-macroscopic vacuum by higher-harmonic generation under focused intense laser fields," *Appl. Phys. B Lasers Opt.*, vol. 106, no. 1, pp. 229-240, 2012.

47) T. Tajima and K. Homma, "Fundamental Physics Explored with High Intensity Laser," *Int. J. Mod. Phys. A*, vol. 27, no. 25, p. 1230027, 2012.

48) T. Ebisuzaki and T. Tajima, "Pondermotive acceleration of charged particles along the relativistic jets of an accreting blackhole," *Eur. Phys. J. Spec. Top.*, vol. 223, no. 6, pp. 1113-1120, 2014.

49) M. Xie, T. Tajima, K. Yokoya, and S. Chattopadhyay, "Studies of laser-driven 5 TeV e+e– colliders in strong quantum beamstrahlung regime," *AIP Conf. Proc.*, vol. 398, no. 1, pp. 233-242, 1997.

50) W. Leemans, W. Chou, and M. Uesaka, "ICFA Beam Dynamics Newsletter," no. 56, 2011.

51) G. Mourou, B. Brocklesby, T. Tajima, and J. Limpert, "The future is fibre accelerators," *Nat. Photonics*, vol. 7, no. 4, pp. 258-261, 2013.

52) G. Mourou, S. Mironov, E. Khazanov, and A. Sergeev, "Single cycle thin film compressor opening the door to Zeptosecond-Exawatt physics," *Eur. Phys. J. Spec. Top.*, vol. 223, no. 6, pp. 1181-1188, 2014.

53) J. Wheeler, G. Mourou, and T. Tajima, *Rev. Accel. Sci. Technol.*, in press 2016.

54) T. Tajima, "Laser acceleration in novel media," *Eur. Phys. J. Spec. Top.*, vol. 223, no. 6, pp. 1037-1044, May 2014.

55) Y. -M. Shin, "Beam-driven acceleration in ultra-dense plasma media,"

Appl. Phys. Lett., vol. 105, no. 11, p. 114106, 2014.

56) X. Zhang *et al.*, "Particle-in-cell simulation of x-ray wakefield acceleration and betatron radiation in nanotubes," *Phys Rev Accel Beams*, vol. 19, no. 10, p. 101004, Oct. 2016.

57) T. Tajima and J. Dawson, "Laser electron accelerator," *Phys. Rev. Lett.*, vol. 43, no. 4, p. 267, 1979.

58) D. Strickland and G. Mourou, "Compression of amplified chirped optical pulses," *Opt. Commun.*, vol. 56, no. 3, pp. 219-221, 1985.

59) G. A. Mourou, T. Tajima, and S. V. Bulanov, "Optics in the relativistic regime," *Rev Mod Phys*, vol. 78, no. 2, pp. 309-371, Apr. 2006.

60) T. Tajima, K. Mima, and H. Baldis, *High-Field Science*. Springer, 2000.

61) T. Tajima and G. Mourou, "Zettawatt-exawatt lasers and their applications in ultrastrong-field physics," *Phys. Rev. Spec. Top.-Accel. Beams*, vol. 5, no. 3, p. 31301, 2002.

62) L. Yin, B. Albright, K. Bowers, D. Jung, J. Fernández, and B. Hegelich, "Three-dimensional dynamics of breakout afterburner ion acceleration using high-contrast short-pulse laser and nanoscale targets," *Phys. Rev. Lett.*, vol. 107, no. 4, p. 45003, 2011.

◆ 翻訳者紹介

戎崎俊一
（エビスザキ　トシカズ）

（国研）理化学研究所　戎崎計算宇宙物理研究室　主任研究員

昭和33年11月15日生まれ。
1977年3月　山口県立下関西高校卒業。
1981年3月　大阪大学理学部物理学科卒業。
1986年3月　東京大学大学院理学系研究科天文学専攻博士課程修了。理学博士を取得。
アメリカ合衆国 NASA Marshall Space Flight Center 研究員，神戸大学大学院自然科学研究科・助手，東京大学教養学部・助教授を経て1995年より理化学研究所主任研究員。

高峰愛子
（タカミネ　アイコ）

（国研）理化学研究所　仁科加速器科学研究センター　核分光研究室　研究員

1978年 大阪生まれの東京育ち。2002年3月 東京大学教養学部基礎科学科卒業。2007年3月 東京大学大学院総合文化研究科広域科学専攻相関基礎科学系 博士課程修了（学術博士）。2007年4月 理化学研究所 山崎原子物理研究室 基礎科学特別研究員，2010年4月 青山学院大学理工学部物理数理学科 前田研究室 助教を経て，2015年4月から現職 理化学研究所 上野核分光研究室 研究員。不安定核のような少し変わったものをレーザー分光するのとヘヴィメタルが好き。

生駒直弥
（イコマ　ナオヤ）

（国研）理化学研究所　仁科加速器科学研究センター／長岡技術科学大学　エネルギー・環境工学専攻

1992年生まれ。奈良県出身。2017年3月長岡技術科学大学大学院工学研究科原子力システム安全工学専攻修士課程修了。同年4月より同工学研究科エネルギー・環境工学専攻博士後期課程に在籍するとともに，理化学研究所仁科加速器科学研究センター加速器高度化チーム大学院生リサーチアソシエイト。イオン源や荷電変換装置など重イオン加速器の高度化に関する研究に従事。

奥野広樹
（オクノ　ヒロキ）

（国研）理化学研究所　仁科加速器科学研究センター　加速器基盤研究部　副部長

昭和41年2月21日生。平成元年東京大学理学部物理学科卒業。平成6年同大学院理学系研究科物理学専攻博士課程修了。博士（理学）。学位論文のタイトルは「入射核破砕片のスピン偏極」。平成7年理化学研究所に研究員として入所。超伝導リングサイクロトロンの開発他，重イオン加速器に関連装置の開発に従事。現在，理化学研究所　仁科加速器科学研究センター　加速器基盤研究部　副部長。

◆ 翻訳者紹介

今尾浩士
（イマオ　ヒロシ）

（国研）理化学研究所　仁科加速器研究センター

2001年　京都大学理学部卒業
2006年　東京大学大学院理学系研究科博士課程
　　　　修了
現在　理化学研究所　専任研究員

和田智之
（ワダ　サトシ）

（国研）理化学研究所　光量子工学研究センター　光量子制御技術開発チーム　チームリーダー

1992年　東京理科大学理学部物理学専攻修了
　　　　理学博士
1992年　科学技術庁基礎科学特別研究員
1995年　理化学研究所フロンティア研究員
その後, 研究員, ユニットリーダー　副主任研究員,
グループディレクター, リームリーダー（現職),
高エネルギー研客員教授（兼任), 東京理科大学連携大学院教授（兼任), 東京大学非常勤講師（兼任）
平成21年度　科学技術に関する文部科学大臣賞受賞

非線形光学, 固体レーザー, ファイバーレーザーの開発に従事。
近年は, レーザーの素粒子科学への応用, 宇宙応用, 社会実装等への応用に研究領域を展開中。

佐藤智哉
（サトウ　トモヤ）

（国研）理化学研究所　仁科加速器科学研究センター／
東京工業大学　理学院

東京工業大学理工学研究科基礎物理学専攻修了（博士（理学））。理化学研究所 仁科加速器科学研究センター 基礎科学特別研究員（2016. 4 − 2019. 2）を経て, 東京工業大学理学院物理学系 特任助教（2019. 3 − 現職）。専門は量子エレクトロニクス, スピンを用いた精密測定実験, 実験核物理。

長谷部裕雄
（ハセベ　ヒロオ）

（国研）理化学研究所　仁科加速器研究センター

学歴：1985年3月　国立鶴岡工業高等専門学校　工業化学科　卒
職歴：1985年4月　アダマンド工業㈱　入社
　　　1987年4月　住重加速器サービス㈱　入社
　　　　勤務地：理化学研究所
　　　2005年4月　（国研）理化学研究所　入社
現在, 加速器高度化チーム, 核化学研究チーム（兼務）に所属。1999年から荷電変換用炭素薄膜製作を開始, 開発した炭素膜・炭素ディスクは理研RIBF性能向上に貢献。世界でも数少ない長寿命炭素薄膜メーカー。$_{113}$Nh生成用バッキング炭素膜を製作, 次の新元素命名権獲得も狙う。

【原著】
■Laser acceleration
RIVISTA DEL NUOVO CIMENTO Vol. 40, N. 2 2017/03/27 DOI 10.
1393/ncr/i2017-101032-x

①田島俊樹
　カリフォルニア大学アーバイン校　物理・天体物理学科
②中島一久
　相対論的レーザー科学センター　基礎科学研究所（IBS）
③ジェラルド・ムルー
　セタ・エクサ科学技術国際センター（IZEST），パリ工科大学

レーザー航跡場加速
―超高強度レーザーが拓く科学のフロンティア―

定価（本体5,000円＋税）

2019年11月12日　第1版第1刷発行

原　著：田島俊樹，中島一久，ジェラルド・ムルー
編　者：戎崎俊一，和田智之
発行所　㈱オプトロニクス社

　〒162-0814
　東京都新宿区新小川町5-5 サンケンビル1F
　Tel.03-3269-3550　㈹ Fax.03-3269-2551
　E-mail：editor@optronics.co.jp（編集）
　　　　　booksale@optronics.co.jp（販売）
　URL：http://www.optronics.co.jp

印刷所　大東印刷工業㈱

※ 万一，落丁・乱丁の際にはお取り替えいたします。
※ 無断転載を禁止します。
ISBN978-4-902312-61-4 C3055 ￥5000E